普通高等教育"十二五"规划教材

大学计算机应用实验教程

主　编　吴元斌　熊　江　钟　静
副主编　朱丙丽　阮玲英　刘华成
　　　　吴鸿娟　刘雨露　罗卫敏

科学出版社

北　京

内 容 简 介

　　《大学计算机应用实验教程》是根据大学计算机基础教学大纲编写的计算机应用基础实验教材，是《大学计算机应用》（熊江等编著）的配套教材。主要内容包计算机系统操作基础、Windows 应用技术、Word 2010 应用技术、Excel 2010 应用技术、PowerPoint 2010 应用技术、计算机网络应用基础、Access 2010 数据库、多媒体技术应用基础等。

　　本教程根据普通高等学校非计算机专业学生的认知特点，从计算机最常用的操作技术入手，引导学生由浅入深、循序渐进地学习计算机应用技术，内容丰富全面，通俗易懂，实用性和可操作性强，注重培养学生应用计算机进行学习、工作以及解决实际问题的能力。

　　本书不仅适宜用作本科院校开展应用技术型人才教育的实验教材，而且对计算机应用技术体验的爱好者自学也有较大帮助。

图书在版编目（CIP）数据

大学计算机应用实验教程 / 吴元斌，熊江，钟静主编. —北京：科学出版社，2015.8

普通高等教育"十二五"规划教材
ISBN 978-7-03-045235-1

Ⅰ.①大⋯　Ⅱ.①吴⋯　Ⅲ.①电子计算机-高等学校-教材　Ⅳ.①TP3

中国版本图书馆 CIP 数据核字（2015）第 168042 号

责任编辑：于海云 / 责任校对：桂伟利
责任印制：霍　兵 / 封面设计：迷底书装

科 学 出 版 社 出版
北京东黄城根北街 16 号
邮政编码：100717
http://www.sciencep.com

新科印刷有限公司 印刷

科学出版社发行　各地新华书店经销

*

2015 年 8 月第 一 版　　开本：787×1092 1/16
2016 年 8 月第二次印刷　　印张：10
字数：237 000

定价：22.00 元
（如有印装质量问题，我社负责调换）

前　言

计算机正在改变我们的生活，人们利用电子邮件、QQ、微信进行即时通信，网上购物、手机银行、微信电话成为时尚，现代家电、汽车都配备了嵌入式计算机系统，汽车的发动、行驶都依赖于这些嵌入式计算机来操控。计算机应用技术是当代大学生的必备技能，它可以拓宽学生的就业求职领域，使他们更加自信，使他们拥有终生学习的基本技能。

本书是《大学计算机应用教程》(熊江等主编)的配套辅助实验教材，但也可以单独使用。它是根据教育部高等学校计算机科学与技术教学指导委员会"关于进一步加强高等学校计算机基础教学的意见暨计算机基础课程教学基本要求(试行)"编写的。主要内容包括计算机系统操作基础、Windows 7 应用技术、Word 2010 应用技术、Excel 2010 应用技术、PowerPoint 2010 应用技术、计算机网络应用基础、Access 2010 应用技术、多媒体技术应用基础等。

本书根据普通高等学校非计算机专业学生的认知特点，从计算机基本操作入手，引导学生由浅入深、循序渐进地学习。内容丰富全面，通俗易懂，实用性和可操作性强。课后实验内容在演示操作示例的基础上进一步提高和综合，注重培养学生应用计算机进行学习、工作以及解决实际问题的能力。

参加本教材编写的均为一线教师，第 1 章由吴元斌编写，第 2 章由刘华成编写，第 3 章由朱丙丽编写，第 4 章由吴鸿娟编写，第 5 章由阮玲英编写，第 6 章由罗卫敏编写，第 7 章由刘雨露编写，第 8 章由钟静编写，模拟试题由熊江编写。全书由吴元斌负责统稿，熊江主审。

尽管在编写过程中我们对本书做过多次修改与交叉审阅，并组织了集体统稿、定稿，但由于时间仓促和水平限制，本书中难免还存在一些不妥之处，恳请广大读者在使用过程中及时提出宝贵意见与建议，使我们的教材在信息技术日新月异的发展过程中不断得到改进与完善。

编　者

2015 年 6 月

目　录

第1章 计算机系统操作基础

实验一 计算机系统的基本信息

一、实验目的

(1)利用操作系统功能查看计算机系统的基本组成及配置。
(2)使用软件工具查看计算机系统的硬件组成。
(3)掌握系统安全检查与维护方法。

二、实验内容

(1)查看计算机的属性。右击"计算机"图标,在快捷菜单中选择"属性",查看处理器的型号、内存容量、操作系统类型。如图 1.1 所示,该系统所配置的操作系统版本为 Windows 7 旗舰版 32 位操作系统,处理器为 Intel® Core™ i3-3120M,其主频为 2.50GHz,内存容量为 2.00GB。利用窗口左侧列出的功能可以进入"控制面板主页"、"设备管理器"、"系统保护"、"高级系统设置"和 Windows Update 等操作页面。

图 1.1 查看"系统"属性

(2)在如图 1.1 所示的窗口中单击"设备管理器",打开"设备管理器"窗口,查看设备管理的详细内容,如处理器、网络适配器、系统设备等,如图 1.2 所示。在"设备管理器"中不仅可以看到计算机所有的硬件信息，并且还可以看出设备是否工作正常，驱动程序是否正确安装等。若设备的驱动程序没有安装或安装不正确，在设备前会出现黄色的问号。试查看你实验用的计算机的设备信息，如网络适配器、显示适配器等。

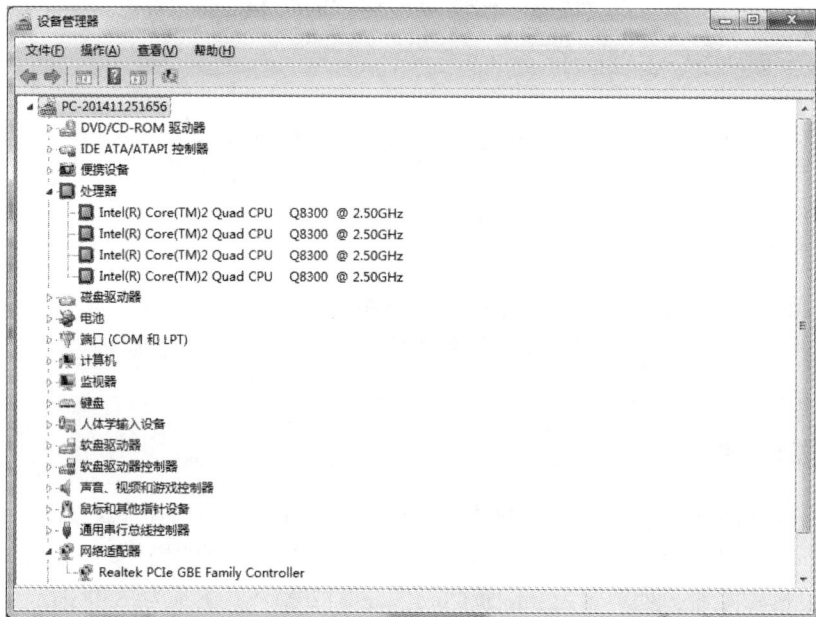

图 1.2　查看"设备管理器"

(3)利用"计算机管理"查看系统管理属性。简单方法是右击桌面上的"计算机"图标，在快捷菜单中选择"管理"选项，出现"计算机管理"页面，如图 1.3 所示。其中包括"系统工具"、"存储"、"服务和应用程序"等。利用"存储"中的"磁盘管理"选项可以进行磁盘管理，利用"系统工具"中的"本地用户和组"选项可以进行用户管理、设置用户密码等。

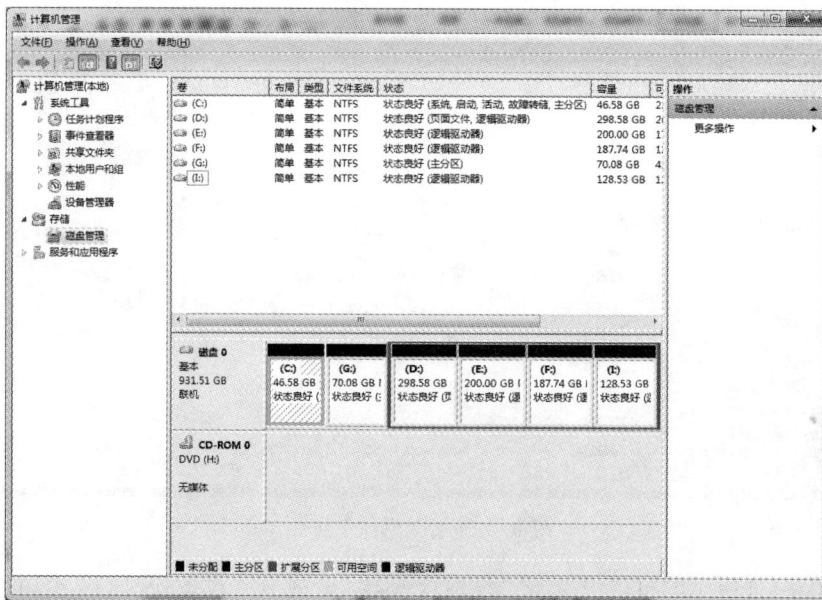

图 1.3　查看"计算机管理"属性

(4)通过 Windows 7 操作系统命令行执行命令查看计算机的系统信息。方法如下：单击"开始→运行"打开"运行"对话框，输入 cmd(cmd 是 command 的缩写)并按回车键，打开命令提示符窗口。在命令提示符后输入 systeminfo，按回车键，则显示系统详细报告，其中包含系统主机名、操作系统详情、产品 ID、处理器型号、BIOS 版本、系统目录路径、虚拟内存详情、补丁安装情况和网卡连接情况等信息，如图 1.4 所示。

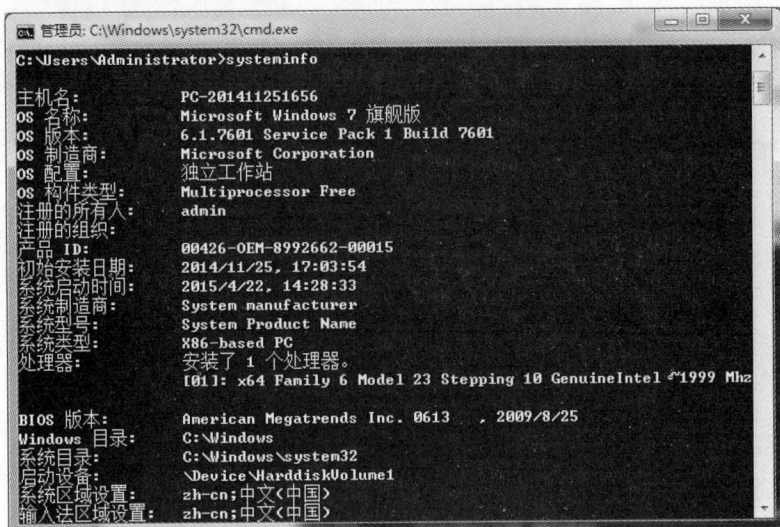

图 1.4　通过 systeminfo 命令查看计算机信息

(5)通过百度搜索 CPU-Z，并下载、安装、运行 CPU-Z 中文版软件，进一步了解计算机的性能指标，如图 1.5 所示。其中包括 CPU、缓存、主板、内存、显卡等较详细信息。可以上网搜索这些术语的说明。CPU-Z 也有 Android 手机版，可以用来查看 Android 手机的硬件信息。

图 1.5　通过 CPU-Z 软件查看更详细的计算机信息

(6)利用"鲁大师"查看计算机硬件系统信息。在"鲁大师"网站(http://www.ludashi.com/)上下载安装"鲁大师"软件，如图 1.6 所示。"鲁大师"能轻松辨别计算机硬件真伪，保护计算机稳定运行，清查计算机病毒隐患，优化清理系统，提升计算机运行速度。"鲁大师"也有安卓手机版，可以查看安卓手机的硬件信息。

图 1.6　通过"鲁大师"查看计算机信息

(7)若硬件设备的驱动程序没有安装或安装不正确，便不能正常工作，尤其要注意显示适配器和网络适配器的正确驱动。目前流行的这类软件有驱动精灵、驱动人生等。图 1.7 是利用驱动人生进行驱动程序检测的图示。驱动人生是一款免费的驱动管理软件，可实现智能检测硬件并自动查找安装驱动，为用户提供最新驱动更新、本机驱动备份、还原和卸载等功能。

图 1.7　利用驱动人生进行硬件驱动程序检测

(8)为了保障计算机软、硬件环境的安全，通常为计算机安装安全卫士与杀毒软件，目前这类软件很多，如金山卫士、360 安全卫士、百度卫士、QQ 电脑管家等，它们各有千秋，都有杀毒、软件管理、电脑医生等功能。360 安全卫士是 360 安全中心推出的一款 Windows、Linux 及 Mac OS 操作系统下的计算机安全辅助软件，功能主要有清除恶意软件、扫描木马、修补系统漏洞、清理系统垃圾、清理使用痕迹、优化功能等。金山卫士是一款由金山网络技术有限公司出品的免费安全软件，它查杀木马能力强、占用内存空间小巧。它采用金山领先的云安全技术，不仅能查杀上亿种已知木马，还能在 5 分钟内发现新木马；漏洞检测针对 Windows 7 优化，速度更快；更有实时保护、插件清理、修复 IE 等功能，全面保护计算机的系统安全。金山卫士的运行效果如图 1.8 所示。

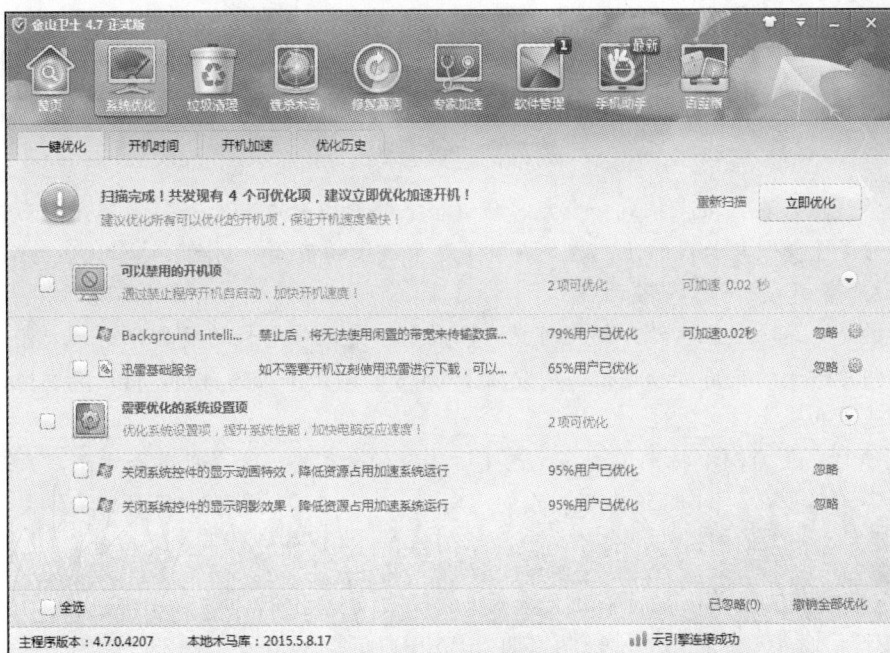

图 1.8　金山卫士界面

三、思考与练习

(1)记录实验过程所使用计算机的配置情况，如：CPU 的型号、主频、缓存大小、内存容量、硬盘容量等，上网查询(如中关村在线： http://www.zol.com.cn/)计算机的主流配置信息。

(2)Dos 命令 systeminfo 能查询到系统的主机名、系统制造商、操作系统版本、IP 地址信息吗？

(3)CPU-Z 与"鲁大师"有何区别？

(4)驱动人生软件的主要功能是什么？

(5)在网上搜索出 5 种常见的计算机安全卫士软件，说明各自的特点及排名情况。

(6)利用计算机管理工具增加一个用户，名为 zhang san。

(7)上网搜索"云计算""大数据""物联网""互联网+"的概念，阐述这些概念距离你的生活有多远？

(8)描述计算机应用技术和技能对你的学习、生活、工作有哪些帮助？

实验二　文档建立、文字录入与指法练习

一、实验目的

(1)学习文本文件及 Word 文档的建立与文字录入方法。

(2)掌握特殊字符的输入方法。

(3)学习指法与打字练习,掌握金山打字通软件的使用方法。

二、实验内容

(1)在记事本中输入以下短文,保存为:本人学号 + 本人姓名 + .txt(如学号为:20150101,姓名为:张三,则文件名为:20150101 张三.txt)。

奇妙的"黄金数"

取一条线段,在线段上找到一个点,使这个点将线段分成一长一短两部分,而长段与短段的比恰好等于整段与长段的比,这个点就是这条线段的黄金分割点。这个比值为:1:0.618,而 0.618 这个数就被叫作"黄金数"。

有趣的是,这个数在生活中随处可见:人的肚脐是人体总长的黄金分割点;有些植物茎上相邻的两片叶子的夹角恰好是把圆周分成1:0.618 的两条半径的夹角。据研究发现,这种角度对植物通风和采光效果最佳。

建筑师们对数 0.618 特别偏爱,无论是古埃及的金字塔,还是巴黎圣母院,或是近代的埃菲尔铁塔,都少不了 0.618 这个数。人们还发现,一些名画、雕塑、摄影的主体大都在画面的 0.618 处。音乐家们则认为,将琴马放在琴弦的 0.618 处会使琴声更柔和甜美。

(2)在桌面空白区单击鼠标右键,选择"新建",在弹出的快捷菜单中选择 "Microsoft Word 文档",输入文件名:学号+姓名(如 201501001 张三)。双击新建文档的图标,打开文档文件,输入下面所给的一段短文。特殊字符通过 Word 菜单上的"插入"→"符号"来选择输入。部分特殊字符也可以通过软键盘输入。

计算思维及其教学

2006 年 3 月,美国卡内基·梅隆大学计算机科学系主任周以真(Jeannette M. Wing)教授在美国计算机权威期刊《Communications of the ACM》杂志上提出并定义了计算思维(Computational Thinking)这个概念。周教授认为:计算思维是运用计算机科学的基础概念进行问题求解、系统设计,以及人类行为理解等涵盖计算机科学广度的一系列思维活动。

计算思维是每个人的基本技能,而不仅仅属于计算机科学家。我们应当使每个孩子在培养解析能力时不仅掌握阅读、写作和算术(Reading, writing and arithmetic——3R),还要学会计算思维。正如印刷出版促进了 3R 的普及,计算和计算机也以类似的正反馈促进了计算思维的传播。

计算机科学的教授应当为大学新生开一门叫作"怎么像计算机科学家一样思维"的课程,面向所有专业,而不仅仅是计算机科学专业的学生。我们应当设法激发公众对计算机领域科学探索的兴趣,而不是悲叹对其兴趣的衰落或者哀泣其研究经费的下降。所以,我们应当传播计算机科学的快乐、崇高和力量,致力于使计算思维成为常识。

(3) 在上述 Word 文件的最后，按照下列给出的内容，练习特殊字符的输入。

标点符号：？；、|‘；！￥ $ &” "

数学符号：＋ — × ÷ ＜ ∑ ≥ ≠ ∴ ≌

特殊符号：→ ‰ ℃ № ■ ★ ● §

Wingdings：📖✉☎☺✈

(4) 将所建立的文本文件和 Word 文档作为作业提交到教师机上，并把这两个文件保存到云中，如腾讯云、360 云、百度云、阿里云、华为云等。

(5) 下载安装最新版的金山打字通程序(或其他打字练习程序，如：RapidTyping，网址：www.rapidtyping.com)，设置不同的等级，练习指法。打开金山打字通程序，如图 1.9 所示。

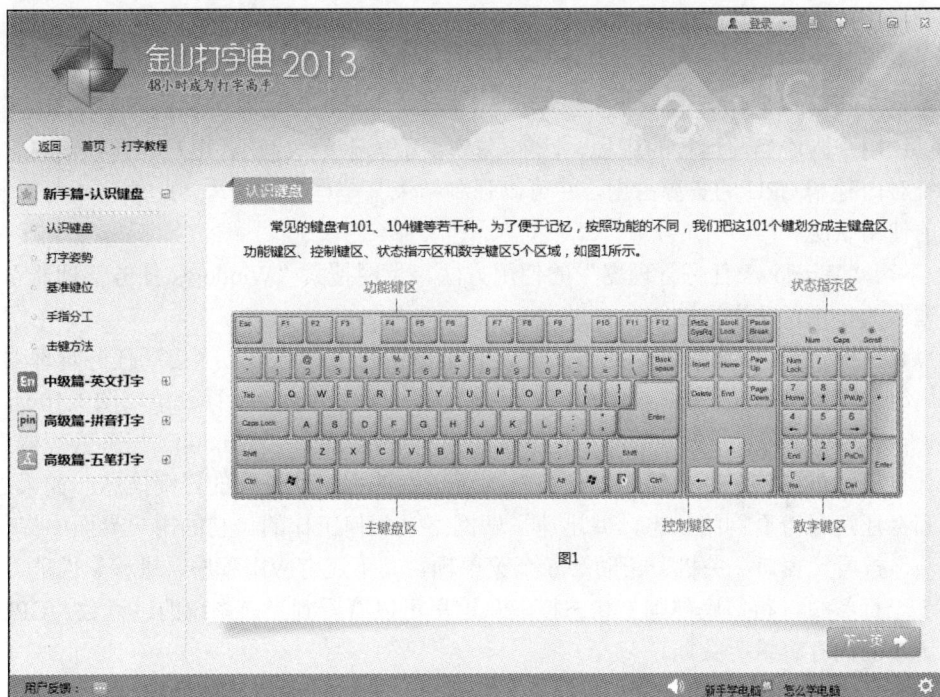

图 1.9　金山打字通主界面

(6) 使用计算机时要保持正确的坐姿。不正确地或超长时间地使用键盘对健康不利，超长时间观看显示屏可能导致眼睛疲劳。下面是几点建议：

① 上身保持挺直，两肩放松，身体正对键盘。

② 两脚适当分开，放平在地面。

③ 屏幕中心略低于双眼，胸部距离键盘 20 厘米左右。

④ 手指略弯曲，左手食指放在 F 键上，右手食指放在 J 键上，其他手指再按顺序轻放在相应的基准键(A、S、D、F、J、K、L、；)上。大拇指位于空格键上。其中 F、J 两个键上都有一个凸起的小横杠，以便盲打时手指能通过触觉定位。

三、思考与练习

(1) 文本文件与 Word 文档的默认扩展名分别是什么？

(2) 输入特殊字符有哪些方法？

(3) 使用计算机时要保持正确的坐姿应注意哪些问题？

(4) 键盘的基准键是哪些？

实验三 "Windows 任务管理器"的使用

一、实验目的

(1) 学习 "Windows 任务管理器"的使用方法。

(2) 通过使用 "Windows 任务管理器"，了解计算机的状态信息。

(3) 通过 "Windows 任务管理器"结束不再运行的程序或进程。

二、实验内容

(1) "Windows 任务管理器"是在 Windows 系统中管理应用程序和进程的工具。任务管理器可以让用户查看当前运行的进程、性能、应用历史记录、启动、用户、详细信息、服务，以及系统对内存和 CPU 的资源占用，并可以强制结束某些程序和进程。此外它还可以监控系统资源的使用状况。

(2) 学习 "Windows 任务管理器"的使用方法，上网搜索 "Windows 任务管理器"，了解任务管理器的作用及使用方法。

(3) 启动任务管理器比较简单的方法是：右键单击任务栏，单击 "启动任务管理器"。也可以使用组合键 Ctrl+Shift+Esc 或组合键 Ctrl+Alt+Delete。启动后运行效果如图 1.10 所示。

(4) 查看 "Windows 任务管理器"提供的信息。方法如下："Windows 任务管理器"提供了有关计算机性能的信息，并显示了计算机上所运行的程序和进程的详细信息；如果连接到网络，那么还可以查看网络状态，并迅速了解网络是如何工作的。它的用户界面中提供了文件、选项、查看、窗口、关机、帮助等 6 个菜单项，其下还有应用程序、进程、性能、联网、用户等 5 个标签页，窗口底部则是状态栏，从这里可以查看到当前系统的进程数、CPU 使用比率、更改的内存容量等数据。

(5) 通过 "Windows 任务管理器"结束不再运行的程序或进程。如结束进程 explorer.exe，方法是单击进程选项卡，选择进程 explorer.exe，单击 "结束进程"按钮，如图 1.11 所示。

图 1.10　Windows 任务管理器　　　　　图 1.11　结束进程

注意，不能随意结束 Windows 系统中的进程，否则可能使系统崩溃。

(6) 新建任务，在菜单栏单击文件菜单，选择"新建任务（运行）"菜单项，在出现的对话框中输入：explorer.exe，单击"确定"按钮，则执行 explorer.exe 程序，如图 1.12 所示。通过第 4 步和第 5 步的方法，可以解决部分死机的问题。

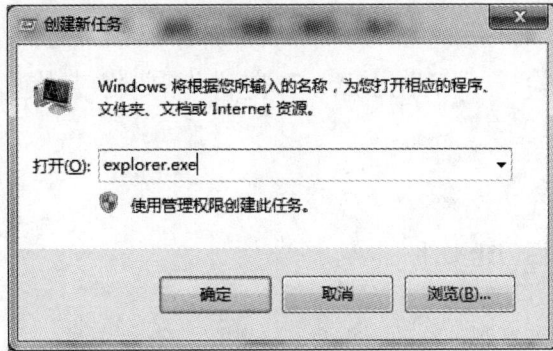

图 1.12　创建新任务

(7) 上网搜索有关术语，如：进程、线程、物理内存等。

三、思考与练习

(1) 启动"Windows 任务管理器"有哪些方法？
(2) 上网搜索"Windows 任务管理器"，指出它有哪些功能？
(3) 如何利用"Windows 任务管理器"终止正在运行的进程？
(4) 尝试用"Windows 任务管理器"运行一个新任务。

第 2 章　Windows 7 应用技术

实验一　Windows 7 文件与文件夹操作

一、实验目的

(1)根据文件夹结构图创建文件夹。

(2)掌握文件的创建方法。

(3)掌握文件及文件夹复制、移动、重命名、删除、查找方法。

(4)掌握设置文件及文件夹属性的方法。

(5)掌握设置窗口布局的方法。

(6)掌握设置文件夹和搜索选项的方法。

二、实验内容与步骤

1. 创建文件夹

在计算机 D 盘根目录下创建如下文件夹：

● 根目录的一级文件夹："个人照片"、"学习资料"、"娱乐"。

● "学习资料"下的二级文件夹："程序设计"、"课件制作"。

● "娱乐"下的二级文件夹："电影收藏"、"音乐收藏"。

● "程序设计"下的三级文件夹：PowerBuilder11.5、Java、VB、VC、"数据库"。

步骤如下：

(1)在桌面上双击"我的电脑"图标，双击"D 盘"。

(2)在 D 盘工作区域的空白处单击鼠标右键，从弹出的快捷菜单中选择"新建"→"文件夹"命令，新建一个文件夹，为新建文件夹命名后，按 Enter(回车)键或者用鼠标左键单击空白处。

(3)重复第(1)步即可完成一级文件夹"个人照片"、"学习资料"、"娱乐"的创建，创建后如图 2.1 所示。

(4)双击打开一级文件夹"学习资料"，进行该文件夹下二级文件夹的创建。

(5)在工作区域的空白处单击鼠标右键，从弹出的快捷菜单中选择"新建"→"文件夹"命令，新建一个文件夹，为新建文件夹命名后，按 Enter 键或者用鼠标左键单击空白处。

(6)重复第(5)步即可完成"学习资料"文件夹下的二级文件夹"程序设计"、"课件制作"的创建，创建后如图 2.2 所示。

(7)双击打开二级文件夹"程序设计"，进行该文件夹下三级文件夹的创建。

(8)在工作区域的空白处单击鼠标右键，从弹出的快捷菜单中选择"新建"→"文件夹"命令，新建一个文件夹，为新建文件夹命名后，按 Enter 键或者用鼠标左键单击空白处。

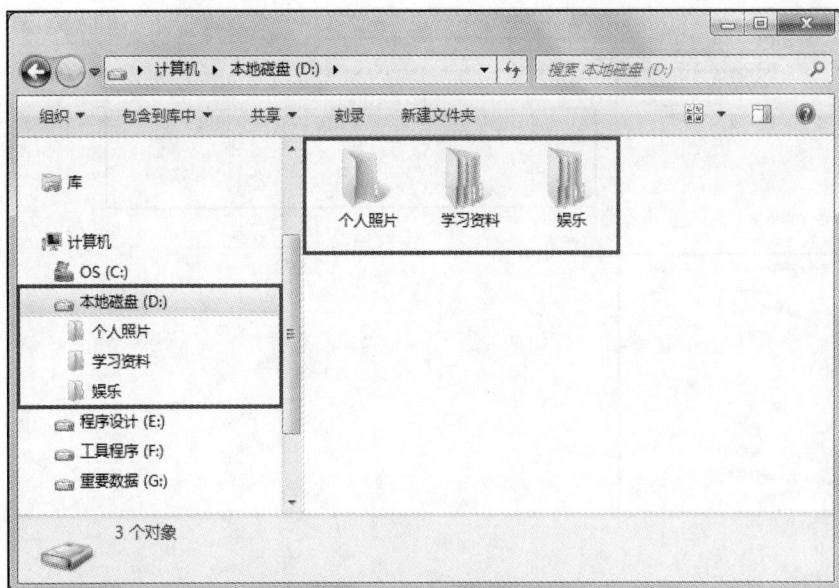

图 2.1　D 盘下的一级文件夹

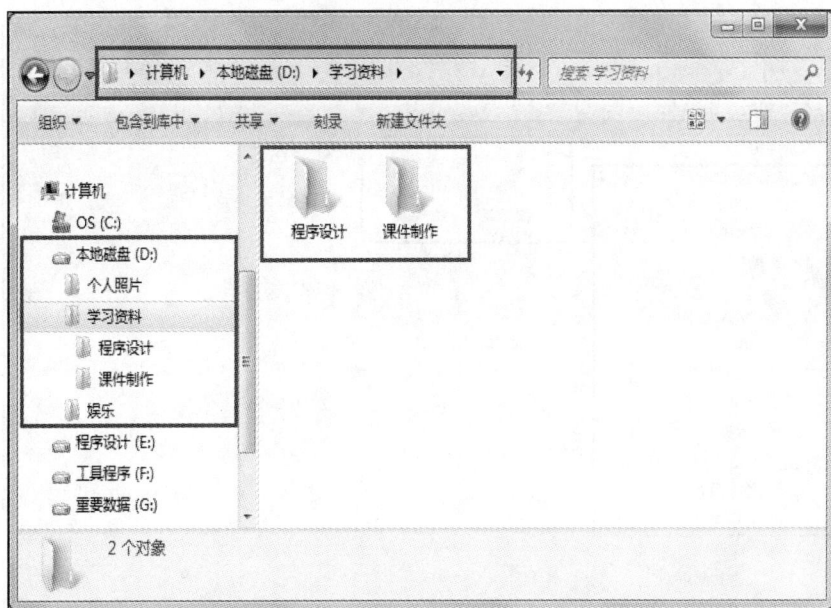

图 2.2　一级文件夹"学习资料"下的二级文件夹

(9)重复第(8)步即可完成"程序设计"文件夹下的三级文件夹 PowerBuiler11.5、Java、VB、VC、"数据库"的创建，创建后如图 2.3 所示。

(10)返回到 D 盘根目录下，双击打开一级文件夹"娱乐"，进行该文件夹下二级文件夹的创建。

(11)在工作区域的空白处单击鼠标右键，从弹出的快捷菜单中选择"新建"→"文件夹"命令，新建一个文件夹，为新建文件夹命名后，按 Enter 键或者用鼠标左键单击空白处。

(12)重复第(11)步即可完成"娱乐"文件夹下的二级文件夹"电影收藏"、"音乐收藏"的创建，创建后如图 2.4 所示。

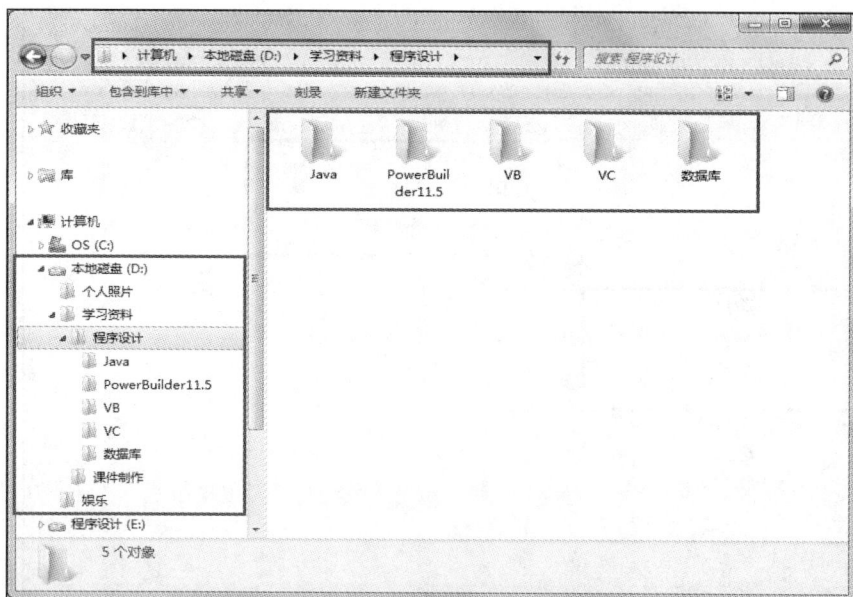

图 2.3 二级文件夹"程序设计"下的三级文件夹

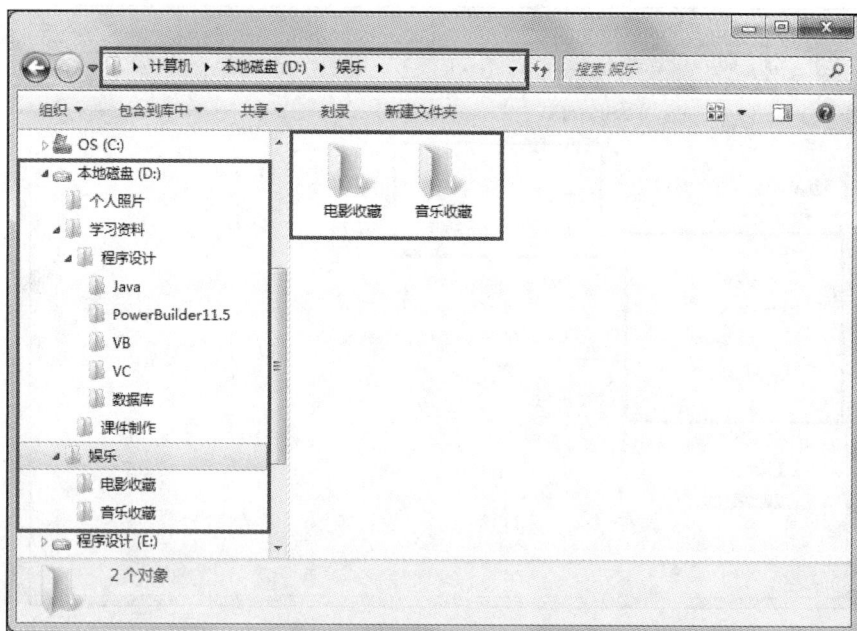

图 2.4 一级文件夹"娱乐"下的二级文件夹

2. 创建文件

在"课件制作"文件夹中创建一个名为 Test.pptx 的 PowerPoint 2010 演示文稿和名为 Java.docx 的 Word 2010 文档,实验步骤如下:

(1)在桌面上双击"我的电脑"图标,双击打开"D 盘",双击打开"学习资料",双击打开"课件制作"文件夹。

(2)在工作区域空白处单击鼠标右键,从弹出的快捷菜单中选择"新建"→"Microsoft

PowerPoint 演示文稿"命令，创建新的演示文稿，并命名为 Test.pptx，按 Enter 键或者用鼠标左键单击空白处。

(3)如果需要编辑 Test.pptx 文件，只需要双击打开该文件即可。

(4)在工作区域空白处单击鼠标右键，从弹出的快捷菜单中选择"新建"→"Microsoft Word 文档"命令，创建新的 Word 文档，并命名为 Java.docx，按 Enter 键或者用鼠标左键单击空白处即可。文件创建成功后如图 2.5 所示。

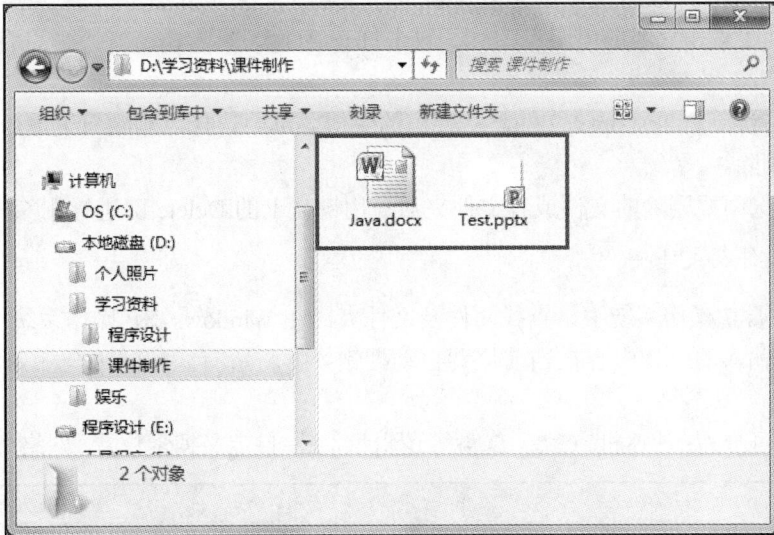

图 2.5　创建 Test.pptx 文件

3. 文件及文件夹的复制与移动

(1)复制方法。选中要复制的文件或者文件夹，单击鼠标右键，单击"复制"菜单命令，在目的位置单击鼠标右键，单击"粘贴"菜单命令。

(2)移动方法。选中要移动的文件或者文件夹，单击鼠标右键，单击"剪切"菜单命令，在目的位置单击鼠标右键，单击"粘贴"菜单命令。

把"课件制作"文件夹下的 Test.pptx 演示文稿复制到"程序设计"下 PowerBuilder11.5 子文件夹中，实验步骤如下：

(1)鼠标右键单击 Test.pptx 文件，从弹出的快捷菜单中选择"复制"命令。

(2)在桌面上双击"我的电脑"图标，双击打开"D 盘"，双击打开"学习资料"，双击打开"程序设计"，双击打开 PowerBuilder11.5 文件夹。

(3)在工作区域空白处单击鼠标右键，从弹出的快捷菜单中选择"粘贴"命令，完成复制操作。

4. 文件及文件夹的重命名

重命名方法如下：鼠标右键单击要重命名的文件或者文件夹，从弹出的快捷菜单中选择"重命名"菜单命令，输入新的文件或者文件夹名称。

把前面复制到 PowerBuilder11.5 文件夹下的 Test.pptx 演示文稿重命名为"PB 教学课件.pptx"，实验步骤如下：

(1)鼠标右键单击 Test.pptx 文件，从弹出的快捷菜单中选择"重命名"菜单命令。

(2)输入新的文件名称"PB教学课件.pptx",即可完成文件的重命名。

注:文件夹的重命名与文件的重命名完全一样,学生可自主练习。

5. 删除文件及文件夹

删除方法如下:鼠标右键单击要删除的文件或者文件夹,从弹出的快捷菜单中选择"删除"菜单命令,确认删除。

删除"课件制作"文件夹下的Test.pptx演示文稿,实验步骤如下:

(1)在桌面上双击"我的电脑"图标,双击打开"D盘",双击打开"学习资料",双击打开"课件制作"。

(2)鼠标右键单击Test.pptx文件,从弹出的快捷菜单中选择"删除"菜单命令。

(3)确认删除。

注:可在选中要删除的文件或者文件夹后使用键盘上的Delete键进行删除操作。

6. 查找文件及文件夹

在Windows 7操作系统中,查找文件及文件夹比在Windows XP操作系统中更为快捷,操作系统根据输入的查找内容在当前位置自动搜索,并将所有匹配结果全部列出,如图 2.6所示。

查找位置可分为:计算机、C盘、D盘等逻辑盘、库、自定义搜索位置、网络邻居、Internet。

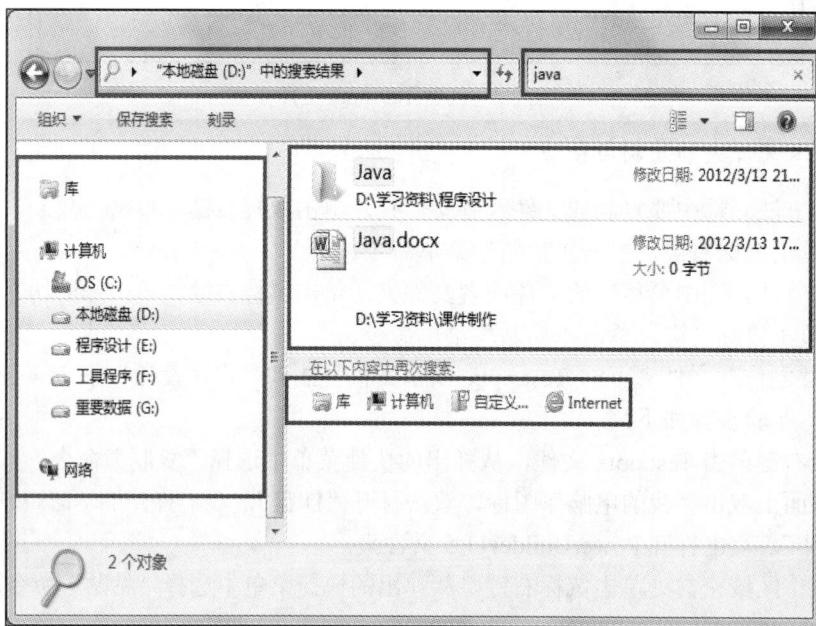

图2.6 查找文件及文件夹

7. 设置文件及文件夹的属性

将"课件制作"文件夹下的Java.docx设置成"只读"和"隐藏"属性,步骤如下:

(1)在桌面上双击"我的电脑"图标,双击打开"D盘",双击打开"学习资料",双击打开"课件制作"。

(2)鼠标右键单击Java.docx文件,从弹出的快捷菜单中选择"属性"菜单命令。

(3)在弹出窗口选中"只读"和"隐藏"复选框后，单击"确定"按钮完成该文件的属性设置。

注：文件夹属性的设置与文件属性的设置完全一致，学生可自主练习。

8. 设置窗口布局

窗口布局主要用于控制窗口的菜单、细节窗格、预览窗格以及导航窗格的显示，如图2.7所示。实验步骤如下：

(1)单击"组织"。

(2)移动鼠标到"布局"选项。

(3)设置选项。

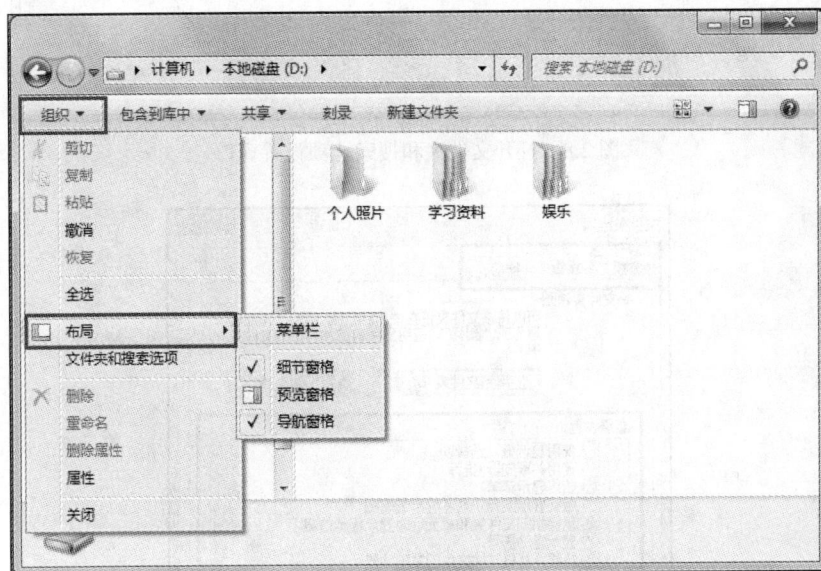

图 2.7　窗格布局的设置

9. 设置文件夹和搜索选项

文件夹和搜索选项是系统提供给用户设置文件夹的显示属性以及搜索选项的窗口，主要包括3个选项卡内容：常规、查看、搜索。实验步骤如下：

(1)单击"组织"，移动到"文件夹和搜索选项"，如图2.8所示。

(2)单击"文件夹和搜索选项"打开"文件夹选项"设置窗口。

(3)在"常规"选项卡中，设置文件夹的浏览方式、打开项目的方式以及导航窗格。

(4)在"查看"选项卡中，主要设置文件及文件夹的查看属性等。

(5)在"搜索"选项卡中，主要设置搜索选项，包含搜索内容、搜索方式等，如图2.9所示。

10. 文件打开方式的设置

如果双击 Windows 7 中的某个文件，操作系统使用错误的软件程序打开该文件，可以按照以下步骤来选择希望使用的程序。可以为单个文件更改此设置，也可以更改此设置让Windows 7 使用所选的软件程序打开同一类型的所有文件。

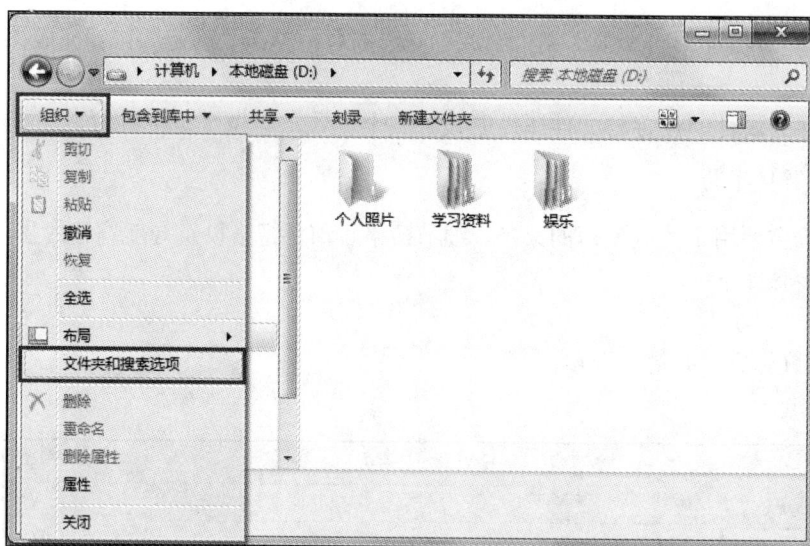

图 2.8　打开文件夹和搜索选项设置窗口

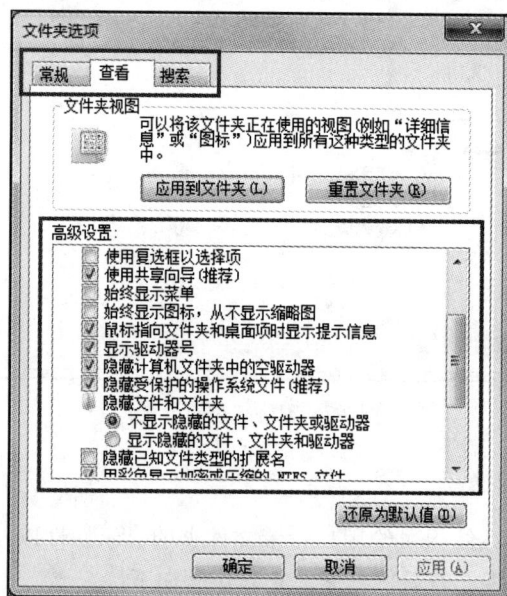

图 2.9　"文件夹选项"窗口

实验步骤如下：

(1) 打开包含要更改设置的文件的文件夹。

(2) 右键单击要更改设置的文件，然后根据文件类型，单击"打开方式"或者指向"打开方式"，然后单击"选择默认程序"选项，如图 2.10 所示。

(3) 单击要用来打开此文件的程序。

(4) 如果要使用相同的软件程序打开该类型的所有文件，请选中"始终使用选择的程序打开这种文件"复选框，然后单击"确定"按钮，如图 2.11 所示。

(5) 如果仅希望这一次使用此软件程序打开该文件，请清除"始终使用选择的程序打开这种文件"复选框，然后单击"确定"按钮。

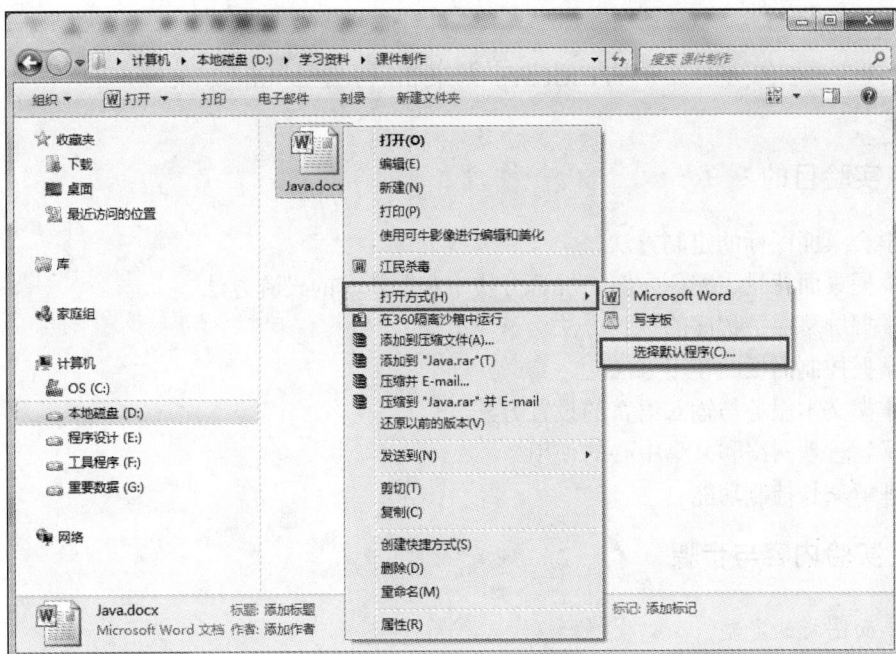

图 2.10　选择默认程序

图 2.11　选择打开方式

三、思考与练习

(1)上网搜索"操作系统",说明操作系统在计算机系统中的作用和地位。

(2)上网搜索"面向对象的操作系统",面向对象的操作系统有什么特点?

(3)上网搜索 GUI、CLI 的概念,指出它们的区别。

(4)上网搜索 Linux、Android 操作系统,指出它们的区别和联系。

(5)上网搜索文件夹与文件的关系,为什么要建立不同的文件夹?

(6)文件搜索中通配符"*"、"?"的作用分别是什么?

实验二　Windows 7 桌面与控制面板操作

一、实验目的

(1)学会桌面图标的定制方法。

(2)掌握桌面背景、配色方案、屏幕分辨率和刷新率的设置方法。

(3)掌握屏幕保护程序的设置方法。

(4)掌握控制面板的使用方法。

(5)掌握文本服务与输入语言的设置方法。

(6)了解管理网络和共享中心的使用。

(7)理解家长控制功能。

二、实验内容与步骤

1. 桌面图标的定制

对于 Windows 7 操作系统家庭普通版来说，桌面图标的定制没有高级版、专业版和旗舰版那么容易。在 Windows 7 操作系统高级版、专业版和旗舰版中提供了"个性化"右键菜单项用于桌面图标的设置，而在家庭普通版中，需要通过其他方式来实现桌面图标的定制。

(1)搜索 ico 图标方式。

(2)运行如下命令(注意命令行中的字符大小写，逗号必须为西文标点)：

rundll32.exe shell32.dll, Control_RunDLL desk.cpl,,0

实验步骤如下：

方式 1：搜索 ico 图标方式

(1)左键单击"开始"图标，在"开始"菜单的"搜索程序和文件"中输入 ico，在出现的搜索结果中找到"显示或隐藏桌面上的通用图标"，如图 2.12 所示。

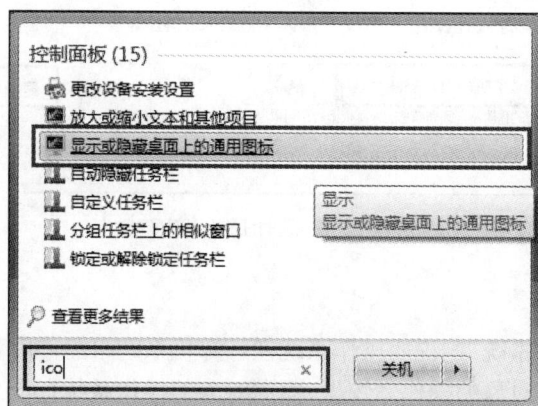

图 2.12　查找"显示或隐藏桌面上的通用图标"程序

(2)单击打开"显示或隐藏桌面上的通用图标"，进入"桌面图标设置"窗口，选中要在桌面上显示的图标种类，即可完成桌面图标的定制工作，如图 2.14 所示。

方式 2：运行命令

(1)左键单击"开始"图标 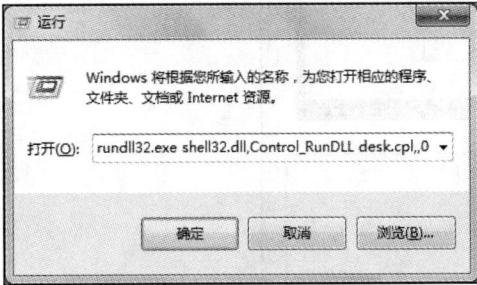→"所有程序"→"附件"→"运行"，出现如图 2.13 所示的命令运行程序窗口。

(2)单击"确定"按钮，进入"桌面图标设置"窗口，选中要在桌面上显示的图标种类，即可完成桌面图标的定制工作，如图 2.14 所示。

图 2.13　命令运行程序窗口

图 2.14　桌面图标的设置

2.　桌面外观和个性化

1)设置桌面背景的步骤

(1)单击桌面图标"控制面板"进入"控制面板"。

(2)单击"显示"图标进入显示设置窗口。

(3)单击左侧"更改桌面背景"进入桌面设置，如图 2.15 所示。可通过"浏览"按钮自定义到其他图片文件夹，来进行桌面背景的设置。

图 2.15　设置桌面背景

2)配色方案的步骤

(1)单击桌面图标"控制面板"进入"控制面板"。

(2)单击"显示"图标进入显示设置窗口。

(3)单击左侧"更改配色方案"进入"配色方案"设置页面,如图2.16所示。

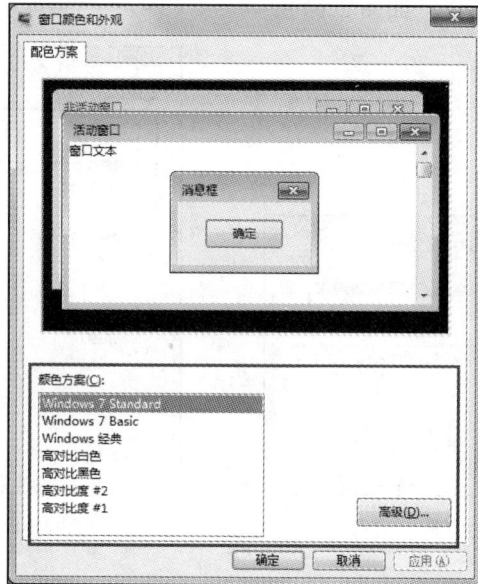

图 2.16 配色方案设置

3)设置屏幕分辨率以及刷新率的步骤

(1)屏幕分辨率的设置步骤如下:

① 单击桌面图标"控制面板"进入"控制面板"。

② 单击"显示"图标进入显示设置窗口。

③ 单击左侧"调整分辨率"进入"屏幕分辨率"设置,如图2.17所示。

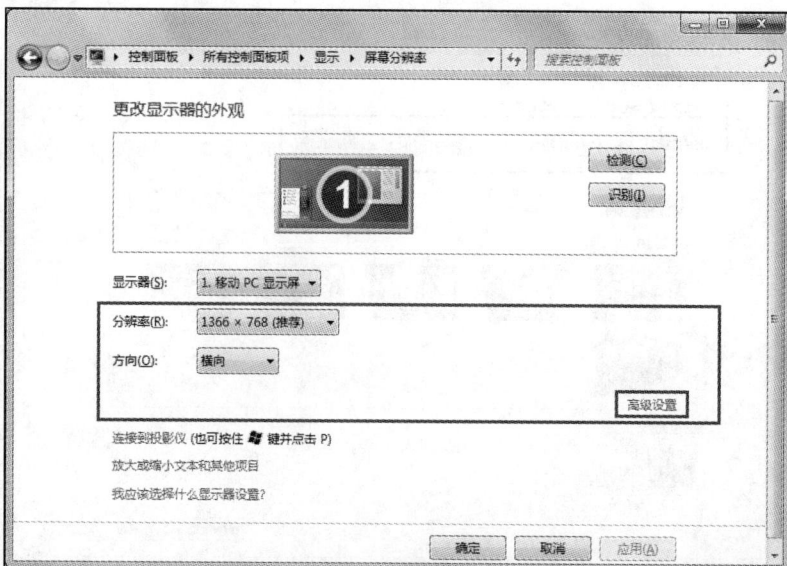

图 2.17 设置屏幕分辨率

(2)屏幕刷新率的设置步骤如下：

① 单击桌面图标"控制面板"进入"控制面板"。

② 单击"显示"图标进入显示设置窗口。

③ 单击左侧"调整分辨率"按钮。

④ 单击"高级设置"按钮进行屏幕刷新率的设置，如图 2.18 所示。

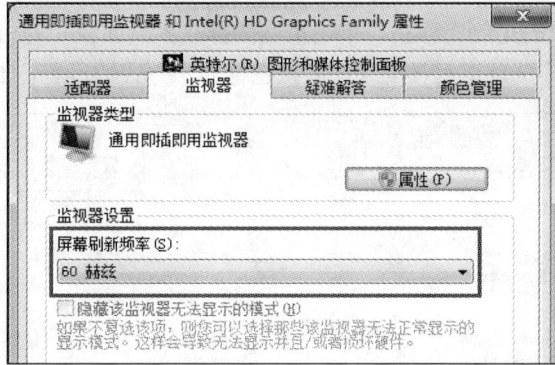

图 2.18　设置屏幕刷新率

4) 屏幕保护程序设置的步骤

(1) 单击桌面图标"控制面板"进入"控制面板"。

(2) 单击"显示"图标进入显示设置窗口。

(3) 单击左侧"更改屏幕保护程序"进入屏幕保护程序设置窗口，如图 2.19 所示。在屏幕保护程序选项中，"三维文字"和"照片"两个选项还支持进一步的设置。

图 2.19　屏幕保护程序设置

- 三维文字选项：单击"设置"按钮可以进行文本的字体、大小、旋转方式、颜色以及表面样式等的设置。
- 照片选项：单击"设置"按钮可以进行图片文件夹的定位、图片幻灯片的放映速度等的设置，同时支持无序播放图片文件夹中的图片的功能。

3. "控制面板"操作

完成上一步桌面图标的定制工作后，单击桌面图标"控制面板"即可进入"控制面板"，并可通过右上角"查看方式"选项进行按类别或者按图标显示方式的设置，如图 2.20、图 2.21 所示。

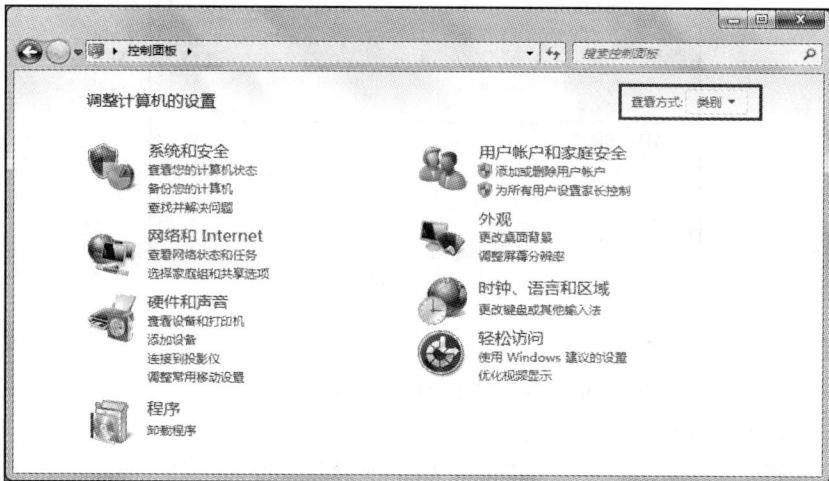

图 2.20　按类别方式显示控制面板

图 2.21　按图标方式显示控制面板

1) 设置文本服务与输入语言

Windows 7 操作系统中的"文本服务与输入语言"的设置界面如图 2.22 所示。可通过如下操作方法来实现，实验步骤如下：

(1)在桌面上双击打开"控制面板",双击打开"区域和语言"。

(2)在打开的"区域和语言"对话窗口中单击第三个选项卡"键盘和语言",单击"更改键盘"按钮,打开"文本服务与输入语言"设置窗口。

● "常规"选项卡:默认的输入语言的设置,添加、删除输入语言。

● "语言栏"选项卡:设置语言栏的显示方式。

● "高级键设置"选项卡:设置输入语言的热键。

(3)选中你要删除的输入法,单击"删除"按钮进行输入语言的删除操作。

(4)单击"添加"按钮进行输入语言的添加操作,如图 2.23 所示。选择要添加的输入语言后,单击"确定"按钮。

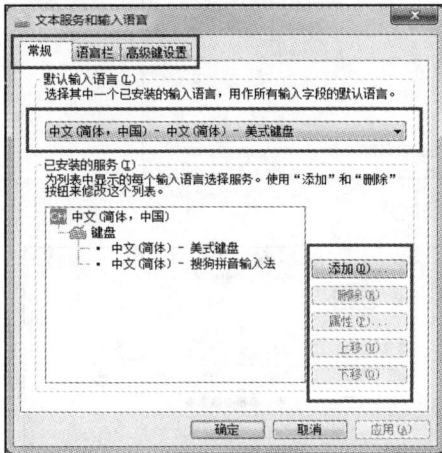

图 2.22　文本服务与输入语言设置　　　　　图 2.23　添加输入语言

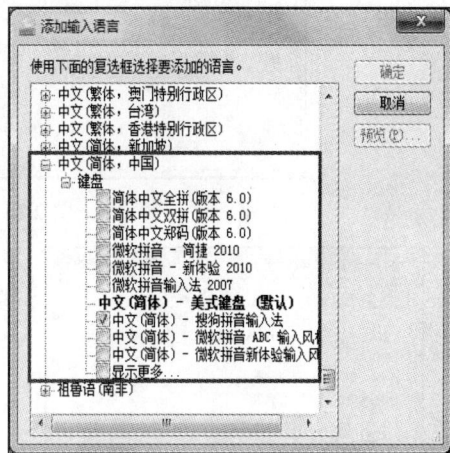

2)管理网络和共享中心

Windows 7 操作系统的"网络和共享中心"主要用于管理当前系统中的有线网络、无线网络,以及添加、删除网络连接等,实验步骤如下:

(1)在桌面上双击打开"控制面板",双击打开"网络和共享中心",如图 2.24 所示。

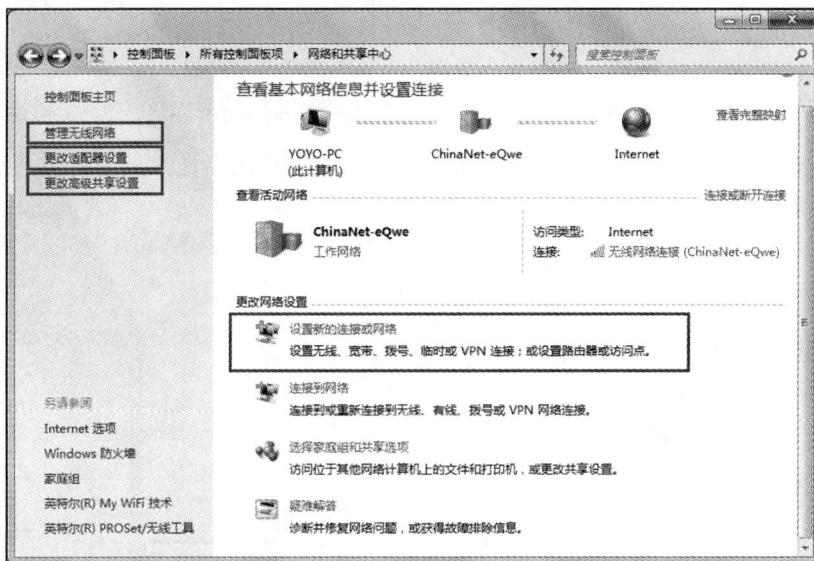

图 2.24　网络和共享中心

(2)"管理无线网络"主要用于管理当前系统中可连接的无线网络，包含无线连接设置、安全方面的设置和修改等，如图 2.25、图 2.26、图 2.27 所示。

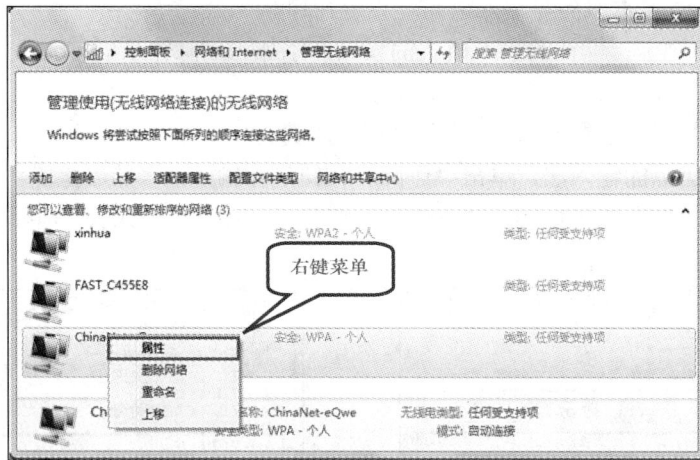

图 2.25　管理无线网络

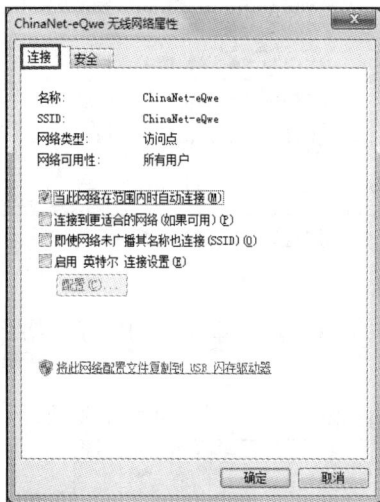

图 2.26　设置无线网络连接属性

图 2.27　设置无线网络安全属性

(3)"更改适配器设置"主要用于设置和修改当前系统中网络连接使用的网络适配器，如图 2.28、图 2.29、图 2.30 所示。

图 2.28　更改适配器设置

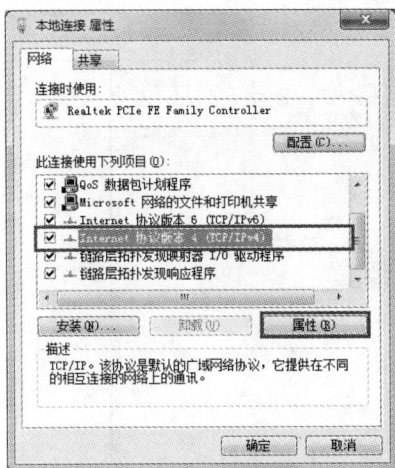

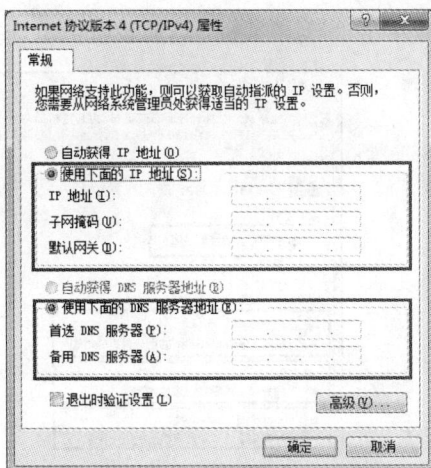

图 2.29　本地连接属性　　　　　　　　　图 2.30　IP 地址设置

（4）"更改高级共享设置"主要用于网络共享设置，包含网络发现、文件和打印机共享、文件共享连接的加密方式，以及设置共享的密码保护等。

（5）"设置新的连接和网络"主要用于添加新的网络连接。以添加 ADSL 为例，操作步骤如下：

① 单击"设置新的链接和网络"。

② 在设置"连接和网络"窗口中选择"连接到 Internet"，单击"下一步"按钮。

③ 单击"宽带(PPPoE)(R)"，输入 ISP(互联网提供商)提供的账号和密码。

④ 单击"连接"完成 ADSL 宽带连接设置。

3) 家长控制

Windows 7 操作系统内置了"家长控制"功能，可以协助对儿童使用计算机的方式进行管理，不仅能控制儿童使用计算机的时间段，还能控制可以玩的游戏类型及可以使用的程序，让他们远离不良信息。实验步骤如下：

（1）在桌面上双击打开"控制面板"，双击打开"家长控制"页面，如果系统提示输入管理员密码或进行确认，请输入该密码或确认。

（2）单击要设置家长控制的标准用户账户。如果尚未设置标准用户账户，单击"创建新用户账户"设置一个新账户，如图 2.31 所示：

图 2.31　启用家长控制

(3) 单击"启用，应用当前设置"单选按钮，如图 2.32 所示。

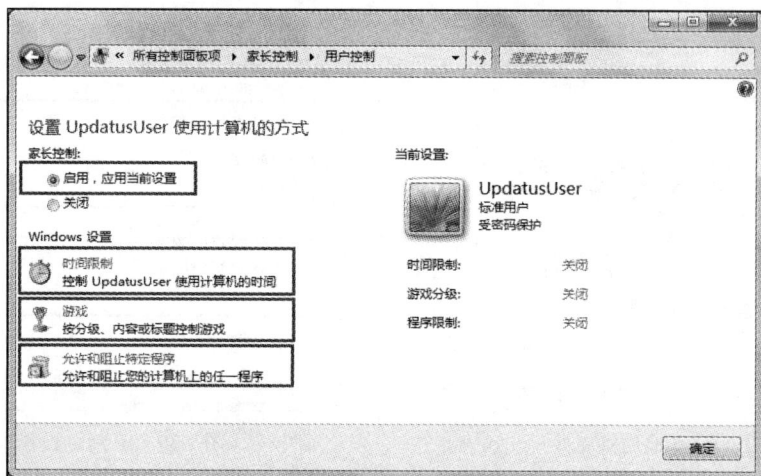

图 2.32 家长控制设置

(4) 为孩子的标准用户账户启用家长控制后，您可以调整要控制的以下设置。

● 时间限制：对允许儿童登录到计算机的时间进行控制。时间限制可以禁止儿童在指定的时段登录计算机。如果在允许的时间结束后其仍处于登录状态，则将自动注销用户账户。

● 游戏：可以控制对游戏的访问、选择年龄分级级别、选择要阻止的内容类型、确定是允许还是阻止未分级游戏或特定游戏。

● 允许或阻止特定程序：可以禁止儿童运行家长不希望其运行的程序。

三、思考与练习

(1) Windows 7 中桌面图标定制方法是什么？
(2) Windows 7 的"家长控制"功能有什么作用？
(3) "网络和共享中心"的作用是什么？
(4) 上网搜索"控制面板"，说明"控制面板"的作用。

实验三 Windows 7 任务栏、库操作

一、实验目的

(1) 掌握任务栏和"开始"菜单的设置方法。
(2) 掌握库的使用方法。
(3) 学会使用 Windows 7 的快捷键。

二、实验内容与步骤

1. 任务栏和开始菜单的设置

1) 自定义"开始"菜单

在 Windows 7 操作系统中，对出现在"开始"菜单上的程序和文件具有更多控制。"开始"

菜单在本质上是一个白板，可以进行组织和自定义，以适合我们操作的首选项。比如：通过组织"开始"菜单，使得更易于查找常用的程序和文件夹，如图 2.33 所示。

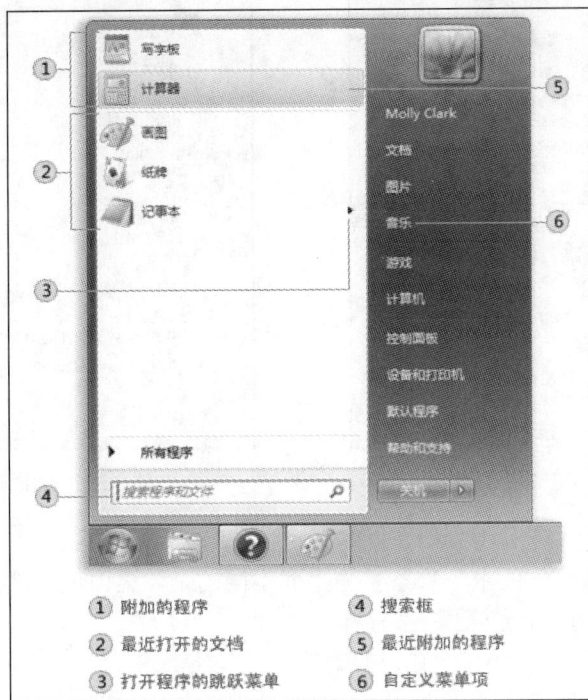

图 2.33 "开始"菜单

(1)将程序图标锁定到"开始"菜单和解锁。

● 将程序图标锁定到"开始"菜单。

长期使用的程序可以通过将该程序图标锁定到"开始"菜单以创建程序的快捷方式。锁定的程序图标将出现在"开始"菜单的左侧，实验步骤如下：

①右键单击想要锁定到"开始"菜单中的程序图标。

②单击弹出菜单中的"附到'开始'菜单"，如图 2.34 所示。

③如果要更改固定项目的显示顺序，可以将程序图标拖到列表中的新位置。

● 已经锁定到"开始"菜单的程序图标的解锁。

①若要解锁程序图标，右击它。

②在弹出菜单中单击"从'开始'菜单解锁"。

(2)自定义"开始"菜单的右窗格。

Windows 7 操作系统中可以添加或删除出现在"开始"菜单右侧的项目，比如：计算机、控制面板、运行命令以及最近使用的项目等。实验步骤如下：

①在"开始"菜单空白处单击鼠标右键。

②在弹出菜单中单击"属性"菜单命令，打开任务栏和"开始"菜单属性对话框。

③单击"开始菜单"选项卡，单击"自定义"按钮，打开"自定义'开始'菜单"对话框。

④在"自定义'开始'菜单"对话框中，从列表里选择所需选项。

⑤单击"确定"按钮。

⑥再次单击"确定"按钮完成设置，如图 2.35 所示。

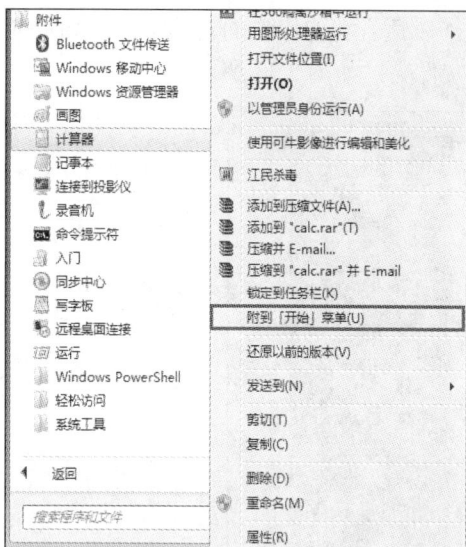

图 2.34 将程序图标锁定到"开始"菜单

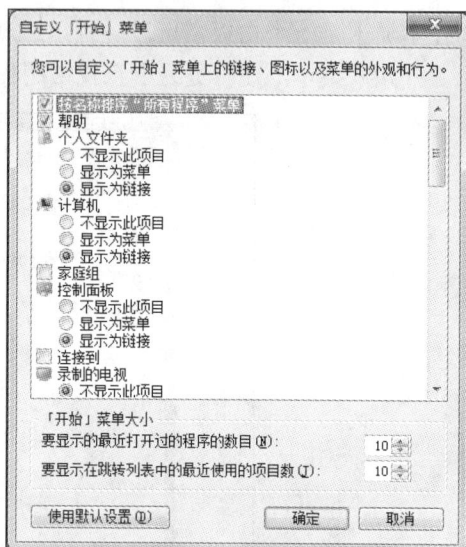

图 2.35 自定义开始菜单

2)任务栏的设置

任务栏是位于屏幕底部的水平长条。与桌面不同的是，桌面可以被打开的窗口覆盖，而任务栏几乎始终可见。它由以下 3 个部分构成：

● "开始"按钮：用于打开"开始"菜单。

● "中间部分"：显示已打开的程序和文件，并可以在它们之间进行快速切换。

● "通知区域"：包括时钟以及一些告知特定程序和计算机设置状态的图标。

(1)将程序锁定到任务栏。Windows 7 操作系统中，可以将程序直接锁定到任务栏，以便快速方便地打开该程序，而无需在"开始"菜单中查找打开该程序。实验步骤如下：

①如果该程序已经在运行，则右键单击任务栏上此程序的图标(或将该图标拖向桌面)来打开此程序的跳转列表，然后单击"将此程序锁定到任务栏"。

②如果此程序没有运行，则单击"开始"菜单，查找到此程序的图标，右键单击此图标并单击"锁定到任务栏"。

注：还可以通过将程序的快捷方式从桌面或"开始"菜单拖动到任务栏来锁定程序。如果要从任务栏中解除某个锁定的程序，则在该程序的图标上单击鼠标右键，打开此程序的"跳转列表"，然后单击"将此程序从任务栏解锁"。

(2)自定义任务栏。通过自定义任务栏，可以更改包括图标的外观以及打开多个项目时这些项目组合在一起的方式。实验步骤如下：

①在"开始"菜单空白处单击鼠标右键，单击"属性"，单击"任务栏"选项卡。

②在"任务栏"属性对话窗口进行相应设置，包括任务栏的外观设置以及通知区域的自定义等，如图 2.36 所示。

2. 库的使用

库是 Windows 7 操作系统中的新增功能，用于管理文档、音乐、图片和其他文件的位置。可以使用与在文件夹中浏览文件相同的方式浏览文件，也可以查看按属性(如日期、类型和作者)排列的文件。

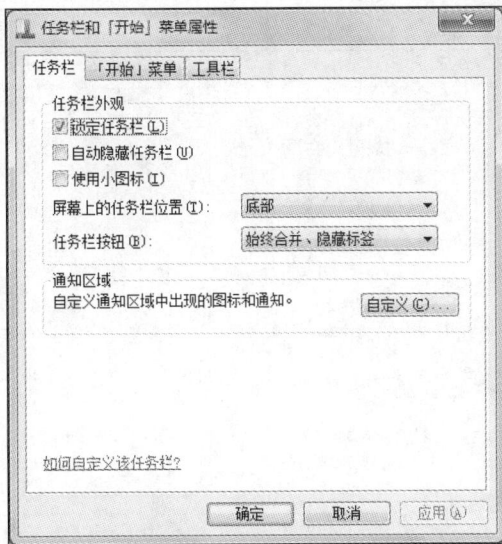

图 2.36　自定义任务栏

　　库与文件夹十分类似，但与文件夹不同的是，库可以收集存储在多个位置中的文件。这是一个细微但重要的差异。库实际上不存储项目，它只是监视包含项目的文件夹，并允许以不同的方式访问和排列这些项目。

　　Windows 7 操作系统具有 4 个默认库：文档、音乐、图片和视频。

　　1) 创建新库的步骤

　　(1) 单击"开始"按钮 ，单击用户名打开个人文件夹，然后单击左窗格中的"库"。

　　(2) 在"库"中的工具栏上，单击"新建库"。

　　(3) 键入库的名称，然后按 Enter 键。

　　2) 自定义库的步骤

　　(1) 打开要更改的库。

　　(2) 如果是新建库，单击"包含一个文件夹"；如果是已经包含项目的库，则在库窗格(文件列表上方)中，在"包含"旁边，单击"位置"按钮。

　　(3) 在"库位置"对话框中，可以继续添加该库所要包含的文件夹，一个库最多可以包含 50 个文件夹。

　　(4) 在"库位置"对话框中，右键单击当前不是默认保存位置的库位置，单击"设置为默认保存位置"，然后单击"确定"，如图 2.37 所示。

　　3) 删除库的步骤

　　(1) 如果删除库，会将库自身移动到"回收站"，但是在该库中访问的文件和文件夹存储在其他位置，因此不会被删除。如果意外删除了 4 个默认库(文档、音乐、图片或视频)中的一个，可以在导航窗格中将其还原为原始状态，方法是：右键单击"库"，然后单击"还原默认库"。

　　(2) 如果从库中删除文件或文件夹，会同时从原始位置将其删除。如果要从库中删除项目，不要从存储位置将其删除，而应删除包含该项目的文件夹。

　　(3) 同样，如果将文件夹包含到库中，然后从原始位置删除该文件夹，则无法再在库中访问该文件夹。

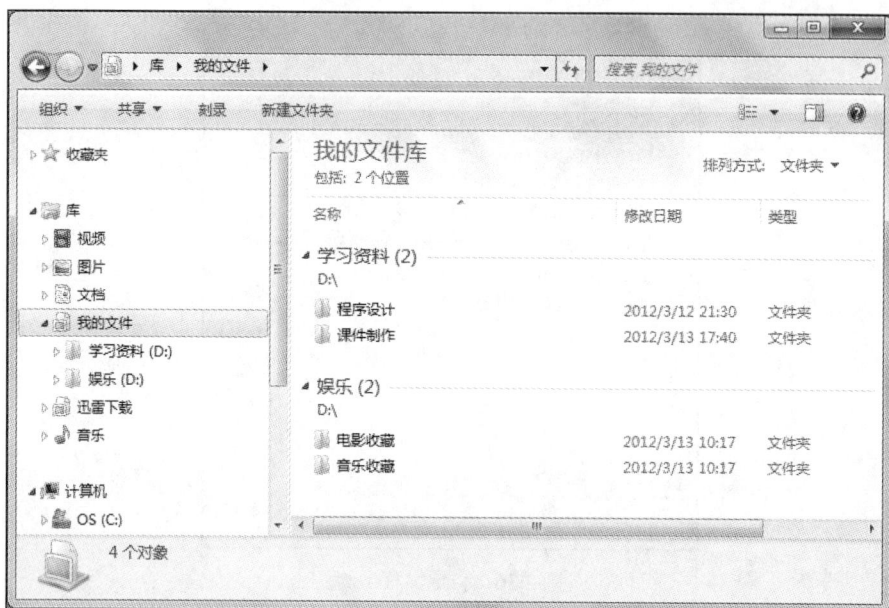

图 2.37 库的使用

3. Windows 7 中快捷键的使用

(1)最大化或者恢复当前活动窗口：先按█键不放，再按↑键。

(2)还原或者最小化当前活动窗口：先按█键不放，再按↓键。

(3)当前活动窗口靠右侧显示：先按█键不放，再按→键。

(4)当前活动窗口靠左侧显示：先按█键不放，再按←键。

(5)放大镜的使用：先按█键不放，再按+键放大屏幕；在屏幕已经放大的情况下，先按█键不放，再按–键缩小放大的屏幕。

(6)任务的快速切换：先按 Alt 键不放，再按 Tab 键。

三、思考与练习

(1)上网搜索"Windows 7 库"的作用。

(2)如何使用库管理自己的常用文档？

(3)屏幕分辨率与刷新率有什么区别？

第3章　Word 2010 应用技术

实验一　图文混排(一)

一、实验目的

(1)熟练掌握 Word 2010 文档的创建、保存、关闭以及打开、编辑、排版等操作。

(2)熟练掌握 Word 2010 文档的基本操作方法。

(3)熟练掌握文档中内容的格式化、段落格式化、页面设置等操作方法。

(4)掌握字符格式化、底纹、首字下沉、项目符号、图片或剪贴画、分栏、文本框、段落及页面边框等操作。

二、实验内容

实验一的文档内容如图 3.1 所示。请参照图中文档的设计效果，首先快速录入文档内容，然后对其进行格式化设置和排版。

完成了图中范文文档的设置效果后，可以根据自己的喜好对文档的格式化和排版效果进行调整，使得文档内容表达清晰、格式化，排版效果美观。

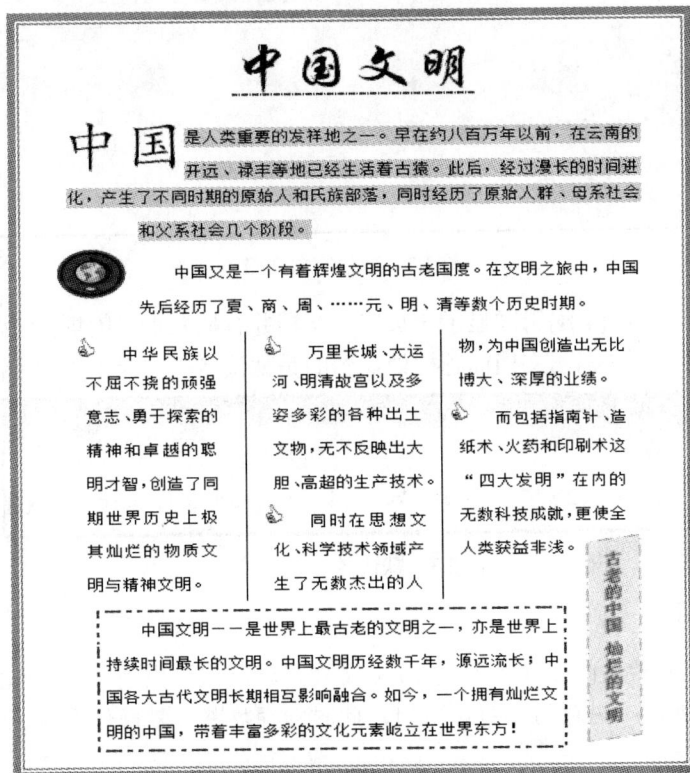

图 3.1　实验一排版样张

三、实验步骤

Word 文档的创建和保存的快捷方法是：在目标路径(如：D:\)下，单击鼠标右键，选择"新建"，选择"Microsoft Word 文档"，输入文件的名字和类型是"word 实验项目 1.docx"，接着用鼠标左键双击该 Word 文档，打开 Word 软件，开始编辑该文档。

Word 文档的创建和保存一般的方法如下。

1. 文档的创建

(1)打开 Word 2010 文档窗口，依次单击"文件"→"新建"选项。

(2)选择"空白文档"选项，并单击窗口右侧预览区下方的"创建"按钮(建议初学者选择空白文档模板进行设计)，如图 3.2 所示。

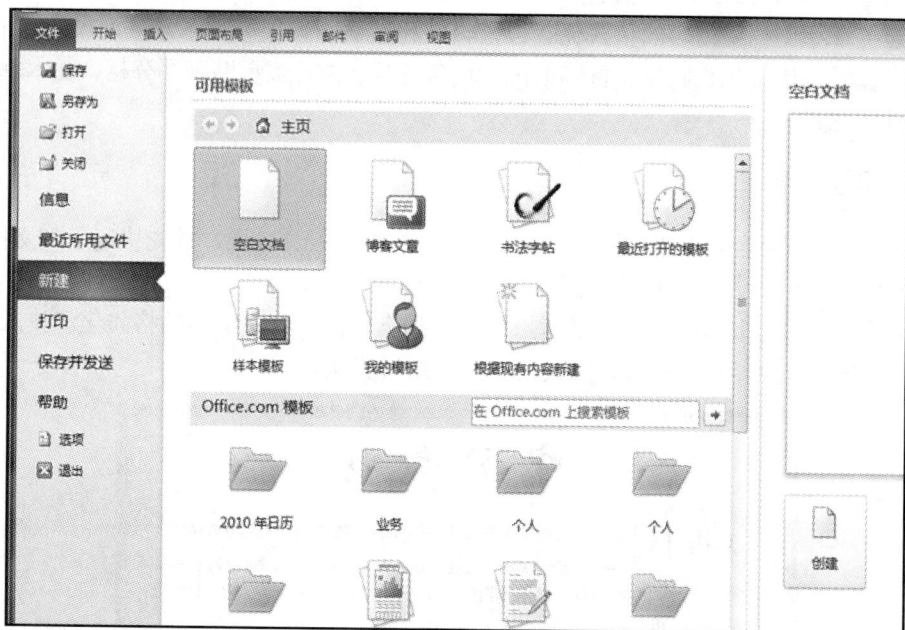

图 3.2　新建空白文档

(3)Word 2010 被打开，编辑区显示一页空白文档并有插入点在闪烁，供设计者自行设计。此时设计者还没有保存文档，文档标题栏处显示的是默认名"文档 1"，如图 3.3 所示。

图 3.3　默认名"文档 1"

2. 文档的保存

Word 2010 文档默认的保存类型是.docx 文档，若以默认类型、名称和路径存盘的话，单击"保存"，将弹出"另存为"对话窗口，此时的存盘路径是操作系统下生成的"文档"文件夹。

若要把文档以自定的类型和名称保存在指定的路径下，则要打开"另存为"对话窗口进行设置。设置好文档存盘的信息后，当编辑了一些新内容，尤其是一些重要的、难编辑的内容后，要记得随时对文档进行保存，按"保存"按钮或组合键 Ctrl+S 均可，以免由于断电、Word 2010 非正常关闭、误操作等原因造成信息丢失。

本次实验项目文档存盘信息可以自定，比如：D:\（即 D 盘根目录），名字和类型是：word 实验项目 1.docx。

注意：要根据需要来选择文档保存类型，以方便后续的编辑和修改。Word 2010 中提供的文档类型比较丰富，如图 3.4 所示。

3. 录入文档内容

通过键盘、鼠标等外部输入设备，以及 Word 2010 "插入"功能区等，可快速地录入范文文档中的内容。在文档中选择不同的内容，打开相应的编辑工具可以进行格式化和排版设置。

4. 文档的格式化和排版

(1)单击"页面布局"功能区，打开"页面设置"对话窗口，设置纸张为 A4、纵向，版式为顶端对齐，无文档网格，其中页边距设置项如图 3.5 所示。

(2)单击"开始"功能区，打开"段落"对话窗口，设置左侧缩进 0 字符，右侧缩进 0 字符，段落采用首行缩进，段前和段后的间距是 0 行，段落间行距是单倍行距，分页选项中选择"孤行控制"。

(3)单击"开始"功能区，弹出"字体"对话窗口，标题设置为 48 号字、华文行楷，加点划型下划线，红色；正文为宋体四号字，字符颜色为黑色。

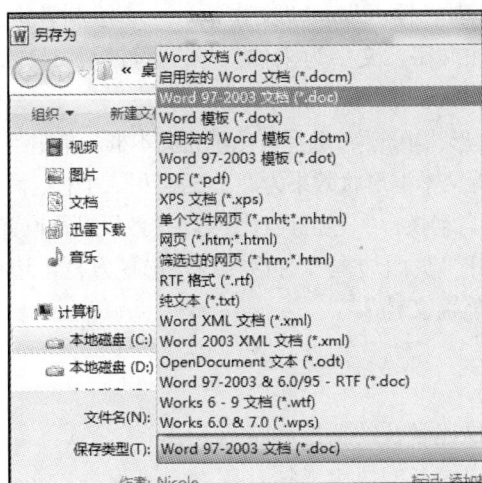

图 3.4　选择文档保存类型

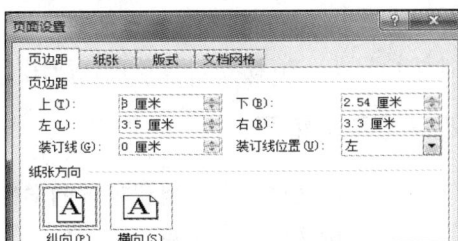

图 3.5　页边距设置项

(4)选择"中国"一词，单击"插入"→"文本"→"首字下沉"→"首字下沉选项"，选择下沉方式、下沉行数为 2 行，距正文 0 厘米，字体黑体，字号为 50。若首字下沉的字体大小不合适，还可以在"开始"→"字体"里进行调整。

(5)除了设置首字下沉的词"中国"外，选择第一段的其他内容，单击"开始"→"段落"→"边框和底纹"对话窗口→"底纹"选项卡，选择浅蓝色，在应用于"段落"还是"文字"选项处，选择"文字"即可。

(6)单击"插入"→"插图"→"剪贴画"，在剪贴画库里选择一张与范文中内容一致或相近的图片插入文档。选定该剪贴画，单击"图片工具格式"→"位置"，选择中间居左，"自动换行"选择四周环绕型。若图片与文字的排列方式还不恰当，还可用鼠标左键拖动等方式进一步调整图文混排的效果。

(7)分别在第3、4、5、6段前，单击"开始"→单击"项目符号" 旁边的小三角形，若在已使用过的项目符号列表中没有需要的符号，则单击"定义新项目符号"，选择"符号"，在符号库里找到需要的项目符号，选定后单击"确定"，并完成后续的操作即可插入文档中。注意：此处还可以把"图片"和"字体"类型的内容设置成项目符号。

(8)选定项目符号☞，选择"开始"→"字体"→"字体颜色"，把它设置成红色，字体为 Wingdings，字号为一号。

(9)设置其后3段内容前的项目符号，单击图标 即可自动应用上一次使用过的项目符号，包括颜色等格式化内容也会自动应用。

(10)选择设置了项目符号的4个段落，单击"页面布局"→"分栏"，打开"更多分栏"对话窗口，选择三栏样式，勾选"分隔线"，去掉"栏宽相等"复选框前的✓，应用于所选文字。"宽度和间距"设置如图3.6所示。

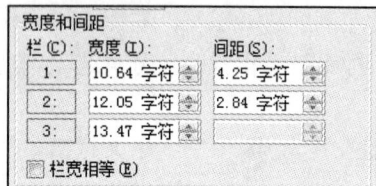

宽度和间距		
栏(C):	宽度(I):	间距(S):
1:	10.64 字符	4.25 字符
2:	12.05 字符	2.84 字符
3:	13.47 字符	
□ 栏宽相等(E)		

图3.6 宽度和间距设置

(11)选择最后一段，打开"边框和底纹"对话窗口(方法如上所述)，单击"边框"选项卡，边框线选择点长划型、红色，粗细为2.25磅，并选择应用于"段落"。接着单击"段落"，打开"缩进和间距"选项卡，设置段落的左缩进为0字符，右缩进为4字符，段前间距为0.5行。

(12)单击"插入"→"文本框"→"绘制竖排文本框"，在文档中拖动鼠标绘制文本框，在框里添加文字，文字为宋体三号，深红色。选定文本框，调整文本框的长和宽，以清楚地显示文本内容。

(13)选定文本框，单击"绘图工具格式"→"形状填充"，选择黄色填充文本框。单击"形状轮廓"，边框线选择点长划型、绿色、1.5磅粗。设置文本框形状效果为"三维旋转"、平行、离轴1右。接着通过"绘图工具格式"下的"位置"和"自动换行"等工具对图文混排效果进行设置。

(14)单击"页面布局"→"页面背景"，打开"页面边框"对话窗口，选择方框，边框线为粗细双实线型、3.0磅粗、深蓝色，应用于"整篇文档"。

四、思考与练习

(1)设计一份文档，介绍自己就读的学校，描述学校的概况和特点。

(2)设计一份文档，介绍自己的家乡，展示出家乡的风土人情。

(3)设计一份文档，进行自我介绍，描述自己的个性、爱好及特点。

提示：请根据所选主题，自己组织文档内容，自行设计文档的格式化和排版效果。

实验二　图文混排(二)

一、实验目的

(1)熟练掌握 Word 2010 文档的创建、保存、关闭及打开，以及文档的基本操作方法。

(2)重点掌握 Word 2010 文档内容的编辑及修改方面的操作方法及技巧。

(3)熟练处理文档中文本的格式化、段落格式化、页面格式化等修饰方面的问题。

(4)熟练处理段落缩进及间距、分栏、页面布局和页面设置等排版方面的问题。

二、实验内容

该实验继续练习图文混排文档的设计，先参照范文快速录入文档的内容，然后完成文档的格式化和排版处理。在此基础上，再根据自己的理解和需要，对文档的格式化和排版进行调整和修改。实验内容如图 3.7 所示。

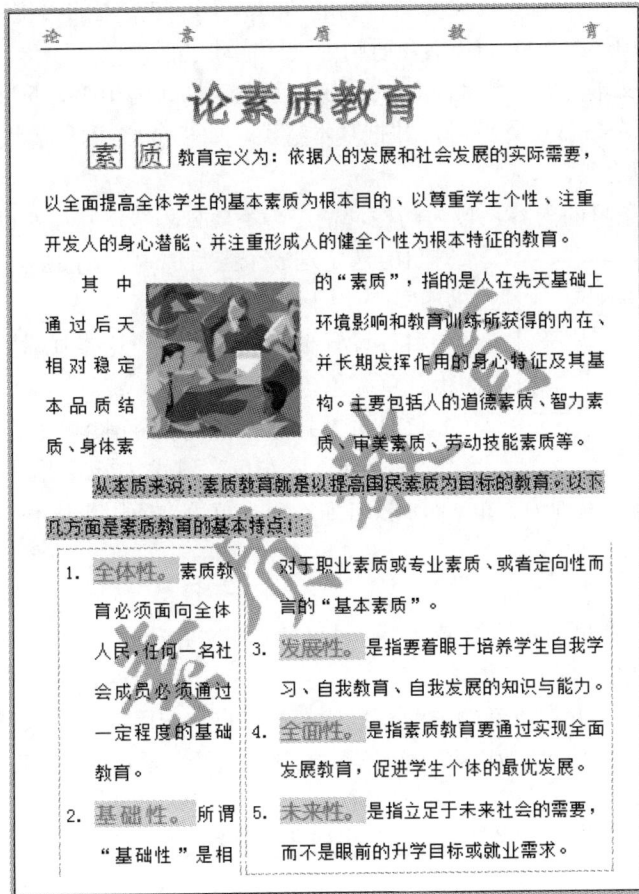

图 3.7 实验二排版样张

三、实验步骤

(1)在目标路径下，例如：D 盘根目录下，单击鼠标右键→"新建"→"Microsoft Word 文档"，输入文件名和类型是："word 实验项目 2.docx"。接着用鼠标左键双击该 Word 文档，打开 Word 软件开始编辑该文档。快速录入范文中的文本内容，正文字体为宋体、四号。

(2)单击"页面布局"功能区，打开"页面设置"对话窗口，纸张设置为 A4、纵向，版式为顶端对齐，无文档网格，页边距左、右 3 厘米，上、下 2.5 厘米。

(3)单击"开始"功能区，打开"段落"对话窗口，设置左侧缩进 0.5 厘米，右侧缩进 0

字符，段落采用首行缩进，段落间行距是单倍行距。第一段的段前间距是 3 行，其余的段前、段后间距值均为 0 行。

(4) 标题设置为艺术字，选择"插入"→"艺术字"，选择需要的艺术字样式，设置渐变填充、蓝色、强调文字颜色、轮廓白色、发光等。选定该对象，单击功能区的"绘图工具格式"，还可以对艺术效果，字体、字号等进行调整，并使用鼠标左键拖动方式调整它在文档中的位置。

(5) 把第一段第一个词"素质"设为宋体、二号、红色。单击"开始"→"字体"功能组中的带圈字符对话框，设置为方框和增大圈号选项。

(6) 插入一张剪贴画，调整或裁剪图片到适当的大小，与文本的"位置"设为中间居中，"自动换行"设为四周环绕方式，若不合适则用鼠标拖动进行微调。

(7) 选定第三段文本内容，设置文字的底纹，蓝色、样式为 10%，应用于文字。

(8) 对余下的 5 个条目设置编号，并把基本特点，如"全体性。"等设为幼圆三号、橘红色、加粗、字符灰色底纹。

(9) 选定这 5 个条目的内容，设为两栏，偏左，不要分隔线，宽度和间距如图 3.8 所示。

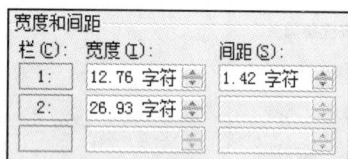

图 3.8 宽度和间距设置

(10) 选定这 5 个条目的内容，添加边框线、虚线、紫色、1 磅粗、应用于段落。

(11) 设置页眉，内容为"论素质教育"，楷体、四号、加粗、草绿色、分散对齐。

(12) 页面背景设置为文字水印效果，文字为"素质教育"，华文新魏、灰色、斜式、半透明。

(13) "页面边框"设置为方框、实线、1.5 磅粗，黄色，应用于"整篇文档"。

四、思考与练习

(1) 找一本杂志，在里面找一篇最吸引你注意力、图文并茂的文章，参考刊物的印刷效果，应用 Word 2010 设计出相同的文档效果。

(2) 设计一份文档，介绍所学的专业，描述专业特点和应用情况，以及自己的专业理想。

(3) 在上述文档基础上，修改内容、格式化、排版等设置，看自己能否设计出新文档样式来。

实验三 报 刊 设 计

一、实验目的

(1) 熟练处理文档设计及编辑、内容格式化和排版方面的问题。

(2) 熟练处理页眉与页脚、图片与文本、视图及排版等方面的问题。

(3) 使用 Word 2010 中提供的各种工具，设计出多种不同风格、不同用途的文档。

二、实验内容

参照报刊文档的风格完成本实验。请先按照范文快速录入文档内容，并完成文档的格式化和排版设计。在此基础上，再根据自己的理解和需要对文档进行调整和修改。实验内容如图 3.9 所示。

图 3.9　实验三排版样张

三、实验步骤

设计的过程中会花费一定的时间，编辑了新内容后一定要注意存盘。

(1)在目标路径下，例如：D盘根目录下，单击鼠标右键→"新建"，选择"Microsoft Word 文档"，输入文件名和类型是"word实验项目3.docx"。然后用鼠标左键双击该Word 文档，打开Word软件开始编辑该文档。快速录入文档中的文本内容，正文宋体、五号。

(2)单击"页面布局"功能区，打开"页面设置"对话窗口，纸张A4、横向，版式为顶端对齐。在"页面布局"→"页面背景"中把页面背景设置为灰色。

(3)单击"开始"功能区，打开"段落"对话窗口，设置左侧缩进3字符，右侧缩进3字符，段落采用首行缩进，段前和段后的间距是0.5行，段落间行距是单倍行距。

(4)设置标题文字的字体及字号。标题整体居于第一栏的中间。绘制一个小的文本框，将框中填充成与页面背景相似但又不同的灰色，框中填写的"景点"一词使用艺术字、楷体、无轮廓、强调文字，填充文字颜色为橘红色。

(5)实验三中共有6个段落，为每一段的第一个字"太"、"青"、"西"、"天"、"张"、"白"设置首字下沉效果，下沉两行，字体及大小自定。

(6)若无与范文中相同的照片，则插入与内容相关的图片。调整或裁剪图片到适当的大小，与文本的排列设为顶端居右、四周环绕方式，若不适合则用鼠标拖动进行微调。

(7)选定文档中的所有段落，打开"更多分栏"对话窗口，选择两栏样式、不添加分隔线，栏宽和栏间距根据页面自定，应用于所选文字。

(8)实验三中特别的地方是添加了比较显眼的页眉信息,操作方法如下:单击"插入"→"页眉",在内置页眉样式中选择"年刊型",此样式把页眉区域用灰色线条划分成4个部分,每个部分均可以编辑。

(9)先填写页眉内容,其中报刊名称"万州旅游报"使用艺术字、宋体、红色、强调文字效果、粗糙棱台效果,其余部分信息的字体、字号自行设定。把鼠标放在灰色分隔线上,按下鼠标左键出现虚线,可以拖动线条调整每个区域的大小。最后,关闭页眉设置,回到文档工作区。

(10)为此文档添加页脚信息,具体内容和格式化自定,要求写上个人信息,比如:姓名、学号、专业、班级等,格式化的效果尽量与整篇文档的风格一致。

四、思考与练习

(1)找一份报纸,在里面找一篇最吸引你注意力、图文并茂的文章,参考刊物的印刷效果,应用 Word 2010 设计出一样的文档效果。

(2)在上述文档基础上,修改内容、格式化和排版等设置,设计出新样式的文档来。

实验四　表格设计

一、实验目的

(1)熟练掌握表格插入、删除、绘制等基本操作方法;行或列的添加或删除;行、列、单元格的宽度设置及调整等。

(2)熟练掌握单元格合并及拆分、表格内容填写及格式化、表格边框、表格属性设置等操作。

(3)熟练处理表格在文档页面中的排列问题等。

二、实验内容

实验内容如图 3.10 所示。

三、实验步骤

(1)在目标路径下,例如:D 盘根目录下,单击鼠标右键→"新建",选择"Microsoft Word 文档",输入文件名和类型是"word 实验项目 4.docx"。然后用鼠标左键双击该 Word 文档,打开 Word 软件开始编辑该文档。

(2)在空白页面的开头处,先写好表格的标题和制定表格的相关说明。注意:若暂时没有确定好表格的标题和说明信息,最好预留一些空白行,以免在最后调整表格的位置和页面内容而耗费时间。

(3)单击功能区的"插入"→"表格"→"插入表格",出现一个"插入表格"对话框,输入 8 行、7 列,便会在文档中生成一张 8×7 的表格框架。也可以用快速表格生成法生成表格。

(4)一边填写数据到单元格,一边调整单元格的大小。通常,调整行高、列宽、拆分单元格与合并单元格操作用得较多。

重庆三峡学院 · 学生技能统计表

表格适用范围：全校各专业　　　填表人：张方　　　填表时间：2015 年 6 月

姓名	张方	出生年月	1995-04	性别	男	照　片	
学院	计算机科学与工程学院	专业	计算机科学与技术	层次	本科		
		年级	2014 级	班级	1 班		
社团工作	学院电脑科协部长、学校通迅部干事			社团类别（在框中打勾）		☐班干部 ☐学院学生会 ☐技能社团 ☐校学生会	
主要技能及专长	熟悉 C 语言、Java 语言的程序设计、唱歌、阅读					外语及级别	英语四级
参加比赛及获奖情况		级别	时间	比赛内容		奖项	
		国家级	2015.06	全国大学生程序设计大赛		（Java 组）二等奖	
		地区级及校级	2015.05	万州区 5•4 青年节歌唱万州歌咏比赛		三等奖	
			2015.04	重庆市高校智能化控制程序设计大赛		（C 语言组）一等奖	
获奖次数统计		3 次	备注				

图 3.10　实验四排版样张

(5)选定目标单元格，单击功能区的"表格工具"→"布局"→"合并单元格"。也可以使用右键菜单，选定要合并的单元格，单击鼠标右键，选择"合并单元格"。

(6)选定要拆分的单元格，单击功能区的"表格工具"→"布局"→"拆分单元格"，输入拆分后的行数、列数，单击"确定"按钮。

(7)把整张表格的文本信息填写完后，设置文本的格式化，例如，字体、字号、字符边框（"开始"→"字体"功能组里设置）、是否换行等。

注意：在表格的单元格中添加照片文件时，若照片显示不全，调整方法是，先选中插入的照片，单击图片工具-排列-自动换行-衬于文字下方，再调整照片尺寸就行了。

(8)单元格中的信息在水平方向和垂直方向有不同的对齐方式。

● 水平方向对齐：选定目标单元格，单击"开始"→"段落"功能组，选择对齐按钮即可。实验中，水平方向对齐方式请根据范文和单元格的具体内容自行确定。

● 垂直方向对齐：选定目标单元格，单击鼠标右键，打开"表格属性"对话窗口，单击"单元格"选项卡，选择需要的对齐按钮即可。此处，选择"居中"。

(9)观察整张表格，根据页面情况，调整行、列以及单元格的大小到适当之处。

(10)列宽的更改：拖动列与列之间的边框线条。

● 行高的更改：拖动行与行之间的边框线条。

● 单元格宽度：选定单元格，拖动单元格右侧边框线条。

● 表格大小：移动鼠标到表格，拖动右下角的矩形图标。

● 表格的位置：移动鼠标到表格，使用鼠标左键拖动左上角的移动图标。

(11)设置表格边框线和底纹。选定表格(或单元格)→"表格工具"→"设计"→"边框"或者"底纹"，选择边框的模式、颜色、线条样式及粗细等；或者设置底纹的填充颜色、图案等具体项目。

四、思考与练习

请根据你本学期的课程安排，设计一张小课程表，把课程、时间、地点等所有课程信息填写在表格中，以方便携带和查阅。要求表格能容纳较多的信息，内容填写清晰，实用方便。

实验五　数学符号及公式

一、实验目的

(1)在文档中熟练处理数学符号，熟练使用公式编辑器。

(2)在后续的应用中，多处理不同主题、不同风格的符号化文档。

二、实验内容

实验内容如图 3.11 所示。

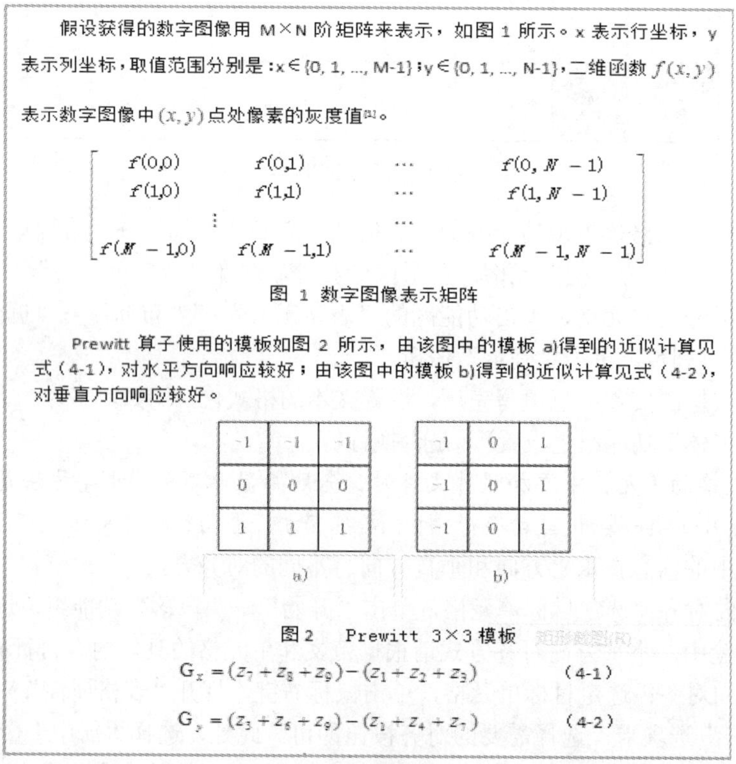

假设获得的数字图像用 M×N 阶矩阵来表示，如图 1 所示。x 表示行坐标，y 表示列坐标，取值范围分别是：$x \in \{0, 1, ..., M-1\}$；$y \in \{0, 1, ..., N-1\}$，二维函数 $f(x, y)$ 表示数字图像中 (x, y) 点处像素的灰度值[1]。

$$\begin{bmatrix} f(0,0) & f(0,1) & \cdots & f(0, N-1) \\ f(1,0) & f(1,1) & \cdots & f(1, N-1) \\ & \vdots & \cdots & \\ f(M-1,0) & f(M-1,1) & \cdots & f(M-1, N-1) \end{bmatrix}$$

图 1　数字图像表示矩阵

Prewitt 算子使用的模板如图 2 所示，由该图中的模板 a)得到的近似计算见式(4-1)，对水平方向响应较好；由该图中的模板 b)得到的近似计算见式(4-2)，对垂直方向响应较好。

-1	-1	-1
0	0	0
1	1	1

-1	0	1
-1	0	1
-1	0	1

a)　　　　　　　b)

图 2　Prewitt 3×3 模板

$$G_x = (z_7 + z_8 + z_9) - (z_1 + z_2 + z_3) \qquad (4-1)$$

$$G_y = (z_3 + z_6 + z_9) - (z_1 + z_4 + z_7) \qquad (4-2)$$

图 3.11　实验五排版样张

三、实验步骤

(1)在目标路径下，例如：D 盘根目录下，单击鼠标右键→"新建"，选择"Microsoft Word 文档"，输入文件名和类型是"word 实验项目 5.docx"。然后用鼠标左键双击该 Word 文档，打开 Word 软件开始编辑该文档。

(2)参照前面文档的设计方法，完成"页面"及"段落"的相关设置。可以使用默认值，也可以自行设定。

(3)快速输入文本及符号，设为宋体、四号。此文档的特点是含有数学符号及公式，要借助插入功能和公式编辑器来完成。

(4)特殊符号(如：×、∈等)键盘上没有，可单击"插入"→"符号"，打开"其他符号"对话窗口，在符号库里选择需要的符号插入即可。

(5)矩阵和公式的编辑方法如下：在"插入"选项卡上的"符号"组中，单击"公式"旁边的箭头，在列表的下方单击"插入新公式"，进入新公式的编辑状态。接着，在文档中出现公式编辑框，并提示"在此处键入公式"，单击选项卡上出现的"公式工具"→"结构"，选择需要的数学结构插入编辑框。

(6)该结构必需的参数个数及位置会用占位符(虚线框)表示出来，在占位符上单击鼠标左键选定占位符，随后设定的参数值就显示在占位符处，占位符虚线框则消失。可以直接在占位符里写值，也可以再嵌入一种数据结构。

注意：数据结构层相互间必须是完全包含的关系，不能出现交叉的情况。

(7)编辑好的公式是一个完整的对象，可以方便地对公式进行复制、删除、修改和移动等基本操作。在文档中，用鼠标左键双击公式，可以立即打开"公式编辑器"编辑公式。单击公式外的其他地方可以结束编辑。

(8)图 3.11 中的小矩阵可以使用"插入"→"表格"→"绘制表格"提供的画笔来绘制，接着选定表格，平均分配表格的行、列，并在表格中输入数据。矩阵下面的 a)、b)可以直接写在一行上并调整其间距，也可以通过添加文本框来完成。

另外：也可以借助其他软件，绘制好小矩阵图片后添加到文档中。比如 Microsoft Office 系列中的组件 Visio 软件。

四、思考与练习

请根据本学期所学的数学课程，尝试用 Word 2010 电子文档的方式写出一道课后习题的解答过程。

实验六　图　　形

一、实验目的

(1)掌握图标、图示、艺术图形的设计，与文本的混排效果设置等操作。
(2)在后续的应用中，多处理不同主题、不同风格的图形化文档。

二、实验内容

与文本相比，图标、图示、艺术图形等形式能包含更多的信息量，用图示、图标、线条等形状，可以把文本方式不容易描述清楚的事物的内在关联或者逻辑关系展示得既形象又清晰。本实验内容如图 3.12 所示。

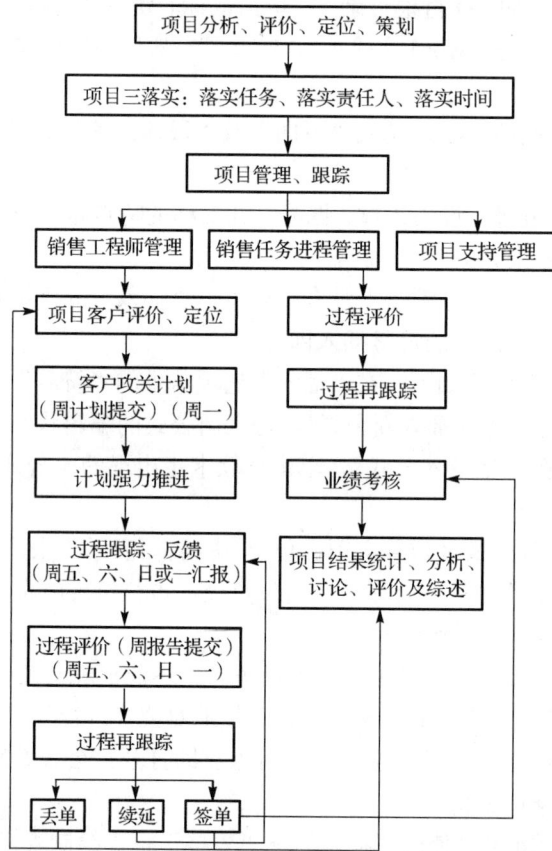

图 3.12　实验六排版样张

三、实验步骤

(1)在目标路径下，例如：D 盘根目录下，单击鼠标右键→"新建"，选择"Microsoft Word 文档"，输入文件名和类型是"word 实验项目 6.docx"。然后用鼠标左键双击该 Word 文档，打开 Word 软件开始编辑该文档。

(2)单击"插入"→单击"形状"下的小三角形，打开自绘图形的基本形状列表。单击"新建绘图画布"，随即在文档中开辟出一块绘图区域。

(3)先在 SmartArt 图形中找一找，看是否有符合需要的形状及格式化效果，若有就选定并添加到画布中。

(4)若没有可利用的形状，则单击"插入"→"形状"，打开"自绘图形"面板进行设置。选择需要的形状添加到画布中，调整大小及连接、填写信息并进行格式化等。

(5)在图形的设计中，设计思路、选择合适的形状、内容设计及格式化、形状连接、组合形状部件等工作要反复进行修改，有时会花费较多的时间，因此要注意及时存盘。

(6)使用 Word 2010 也能设计本实验文档中的图形，但是有些繁琐。而用 Microsoft Office 系列中专门用于设计图形的组件 Visio 软件更方便，只要把设计好的图片插入 Word 文档中即可。

四、思考与练习

如果本学期你报考了计算机等级考试，请设计一张备考单，以激励自己认真准备，顺利通过。

完成要求：一页 A4 纸，信息展示形式不限(可使用文本、图形、表格等数据形式，也可以综合应用)，要有格式化和排版设置。

内容提示：可以给出每个时间段的准备计划、完成情况、分析及小结。

实验七　样式、编号及目录

一、实验目的

(1)熟练掌握样式在文档中的应用。
(2)熟练掌握编号在样式文档中的使用。
(3)熟练掌握目录在样式文档中的生成及更新操作。
(4)熟练掌握在长文档中样式、编号和目录的设置操作。

二、实验内容

Word 2010 样式是指一组已经命名的字符和段落格式。样式规定了文档中标题、题注以及正文等各个文本元素的格式。在文档中使用样式可以确保全篇格式编排的一致性，并且不用重新设定就可以快速更新一份文档的格式。

若在文档中设置了 Word 样式以后，选择"引用"→"目录"→"插入目录"，可以轻松地把文档的目录自动提取出来，并生成相应的页码。

下面的几张图片展示了《大学计算机基础》理论教材中的目录信息、正文中的内容条目设置、基于样式的多级编号、目录等设置效果，如图 3.13～图 3.16 所示。

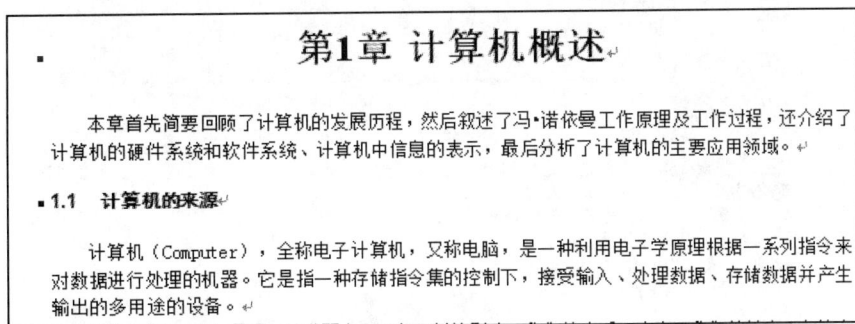

图 3.13　应用样式

正文中通过样式及多级编号等排版方式，不仅把内容表达得清晰明了，而且把页面内容设置得美观有序。通常，目录放在正文前，展示整篇文档的内容结构和段落层次。其中的一、二、三级样式条目与目录中生成的信息一一对应，目录中会自动生成内容条目所在的页码数，按住 Ctrl 键，同时在页码数上单击鼠标左键即可跟踪内容至正文中的位置，使用起来很方便。在编辑书籍、教材、资料时，尤其在处理长文档时，设置样式、编号及目录是必需的操作。

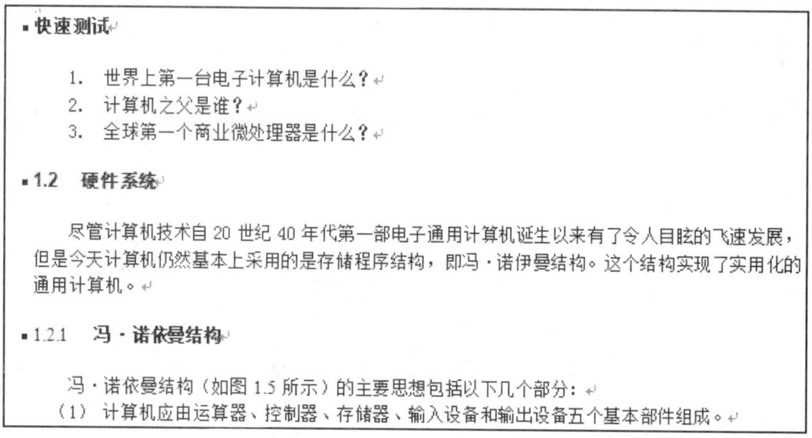

> **■ 快速测试**
>
> 1. 世界上第一台电子计算机是什么？
> 2. 计算机之父是谁？
> 3. 全球第一个商业微处理器是什么？
>
> **■ 1.2 硬件系统**
>
> 尽管计算机技术自 20 世纪 40 年代第一部电子通用计算机诞生以来有了令人目眩的飞速发展，但是今天计算机仍然基本上采用的是存储程序结构，即冯·诺伊曼结构。这个结构实现了实用化的通用计算机。
>
> **■ 1.2.1 冯·诺依曼结构**
>
> 冯·诺依曼结构（如图 1.5 所示）的主要思想包括以下几个部分：
> （1）计算机应由运算器、控制器、存储器、输入设备和输出设备五个基本部件组成。

图 3.14 应用样式及编号

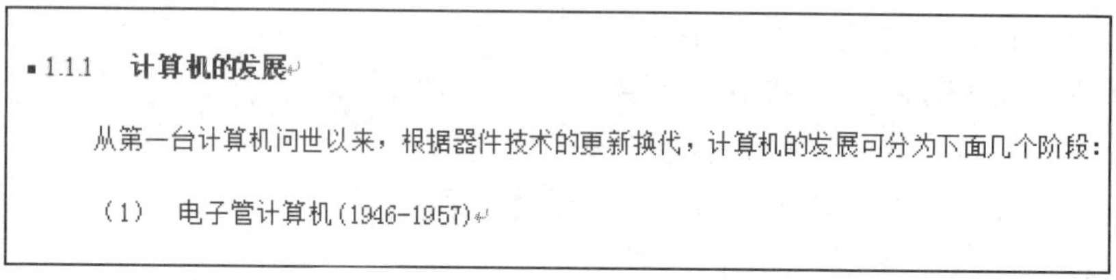

> **■ 1.1.1 计算机的发展**
>
> 从第一台计算机问世以来，根据器件技术的更新换代，计算机的发展可分为下面几个阶段：
>
> （1）电子管计算机(1946-1957)

图 3.15 应用多级编号

目　录

图 3.16 基于样式生成的目录

三、实验步骤

(1) 在目标路径下，例如：D 盘根目录下，单击鼠标右键→"新建"，选择"Microsoft Word 文档"，输入文件名和类型是"word 实验项目 7.docx"。然后用鼠标左键双击该 Word 文档，打开 Word 软件开始编辑该文档。

(2) 参照前面文档的设计方法，完成"页面"及"段落"的相关设置。可以使用默认值，也可以自行设定。

(3) 首先规划好整篇文档的层次结构，整理一份文档的提纲，拟定好标题层次需要使用几种级别，例如：一级、二级、三级等。

(4) 单击"开始"，单击"样式"功能组右下角的 ▣ 图标，打开"样式"对话窗口，单击"新建样式" ▣ 按钮，打开新建样式对话窗口，具体内容如图 3.17 所示。

(5) 在窗口中，设置样式的名称、类型和格式化等内容，并勾选"添加到快速样式列表"，单击"确定"按钮。随后，创建的新样式就出现在功能区的快速样式表中。

(6) 在新建样式对话窗口中，复选框"自动更新"选项要小心使用。文档中，在应用了样式的内容上所做的任何格式修改都会更新到样式中，而这些样式又随之自动更新到文档所用之处。这会让格式修改工作变得混乱和复杂。

(7) 在新建样式对话窗口中，通常会选择单选项"仅限此文档"，当应用了不同样式的文档内容在合并的时候，可以让修改工作变得简洁。若没有选定此选项，创建的样式会跟随文档内容的移动应用到其他文档中。

(8) 在新建样式对话窗口中，还有一个单选项"基于该模板的新文档"，它与"仅限此文档"是相对的，请根据需要进行选择。

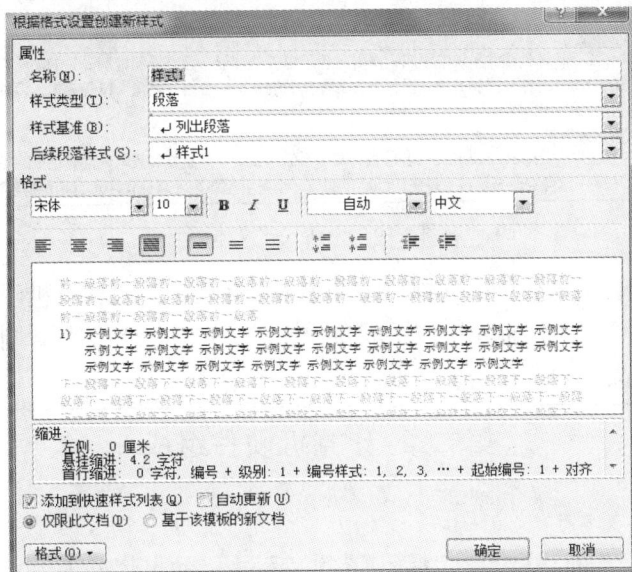

图 3.17　创建新样式

(9) 另外一种方法也可新建样式，打开"快速样式列表"，右键单击需要的样式，在快捷菜单中选择"修改"，打开"修改样式"对话框，将选定的已有样式修改成自己需要的新样式，如图 3.18 所示。

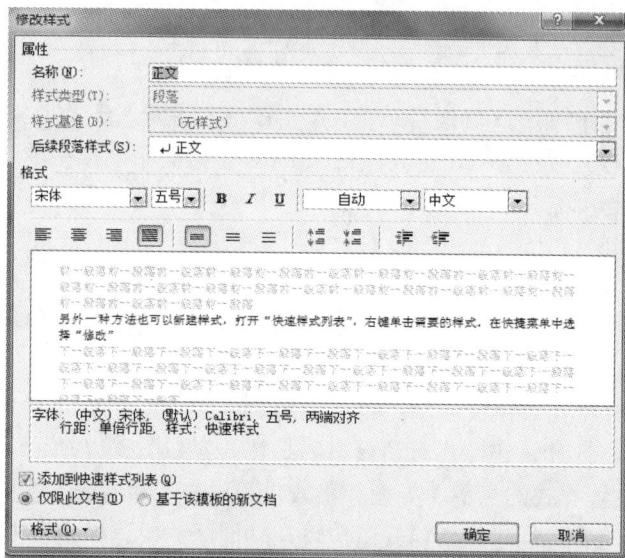

图 3.18　修改样式

(10)在本实验文档中，要设置 5 种样式：一级目录(章标题的格式化，如：第一章　计算机概述)、二级目录(两小节的格式化，如：1.1 计算机的来源)、三级目录(三小节的格式化，如：1.1.1 计算机的发展)、"快速测试"和"习题"样式。

(11)每种样式详细的格式化细节参考上面相关图片中的信息。若自行设定的话，要注意每种样式应用到文档中的区分度，也要考虑常见的设置习惯，比如：标题要居中，小节要左对齐，不同级别的小节缩进距离不一样等。

(12)编辑文档内容，并应用相关的样式。图 3.19 是输入的无格式化的文本内容。

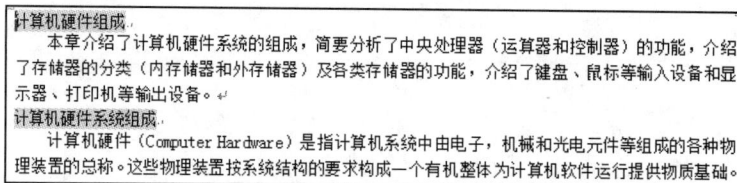

图 3.19　无格式化文本

(13)单击鼠标左键或者借助方向键，定位插入点"｜"在"计算机硬件组成"这行中，然后在快速样式列表中单击鼠标左键应用需要的样式，如"一级目录"，则此样式所有的格式化效果立即应用在选定的内容行上，设置效果如图 3.20 所示。

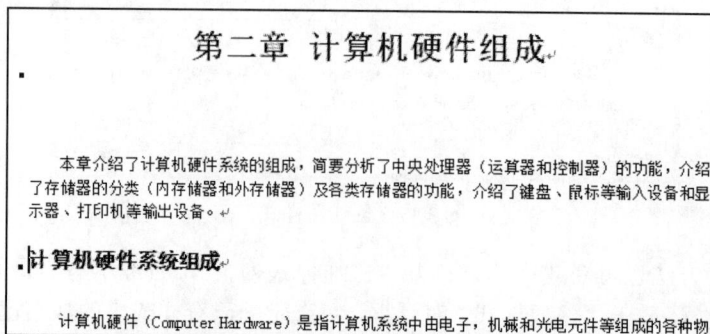

图 3.20　应用样式

注意：应用了样式的行前会出现一个黑色的小正方形块。

(14)下一步是编号。单击新建样式窗口中的"格式"按钮，在弹出的菜单中选择"编号"选项卡，打开的窗口如图3.21所示。

(15)在新建样式的时候，选择需要的编号格式，应用样式的时候会对文档内容进行编号。文档中，应用了相同样式的内容条目会按照出现的先后顺序自动进行编号，内容修改后编号会自动更新。

注意：编号库里只提供了一些常用的编号格式，若需要其他样式，则要通过"定义新编号格式"进行设置。

(16)若需要更复杂、多级系列的编号，则单击"开始"→"段落"→"多级列表"图标进行创建。通常，应用了相同样式的内容条会根据在文档中出现的先后顺序进行同种级别的编号。

(17)在多级列表的添加中，有时候条目的编号有错。修改方法如下：先把插入点定位到需要修改的行，打开"多级列表"窗口→选择"定义新多级列表"，如图3.22所示。

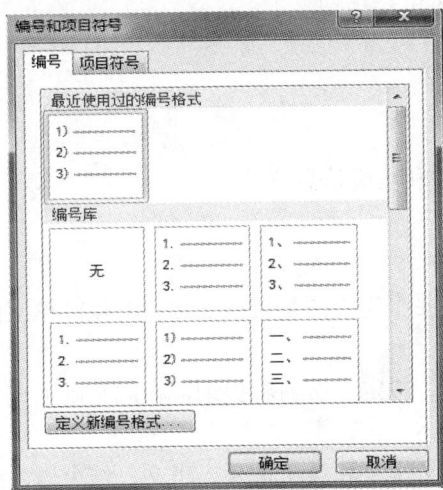

图3.21 设置编号

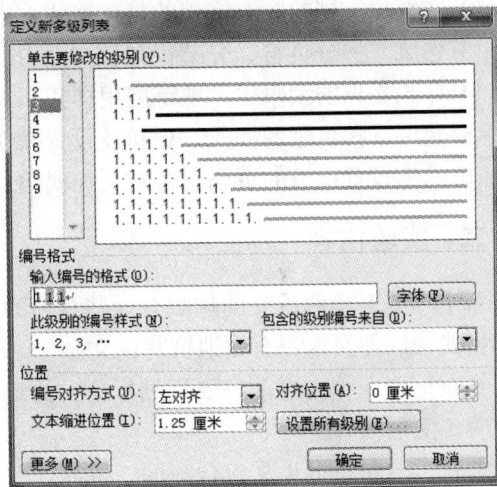

图3.22 定义新多级列表

例如：把插入点定位到"输入编号的格式"框里，即可修改编号值。若需要修改格式化效果，则打开"定义新的列表样式"修改。设置好后的多级编号如图3.23所示。

注意：若在文档中引用了目录、题注(常用于图片的自动编号)等对象，通常要求样式文档中设置"多级列表"编号格式。

(18)当文档的样式和编号都设置好后，把插入点定位到文档头，单击"插入"→插入"空白页"。在空白页头部，单击"引用"，打开"目录"功能组，打开"插入目录"窗口，选择需要的目录样式，勾选"显示页码""页码右对齐""使用超链接"等项目，单击"确定"按钮即可插入目录。

提示：插入目录后，还可以使用"开始"功能区的工具对其中的文本内容格式化。

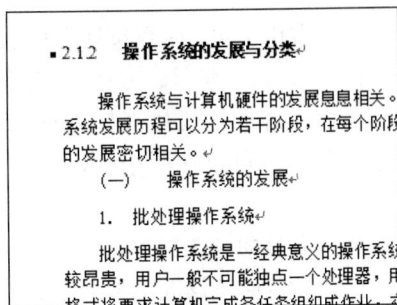

图3.23 多级编号

(19)设置好目录后，文档可能还需要修改，为了使目录和正文信息同步，单击"引用"→"更新目录"即可。

四、思考与练习

选择本学期开设的一门专业课，整理一份学习资料。要求文档层次清晰，格式美观有序，使用方便实用。

要求：设计一份文档，至少 10 页，使用样式、编号、目录等工具处理文档。

实验八　毕业论文排版

一、实验目的

(1)熟练掌握毕业论文排版的相关设计工作。
(2)在编辑文档前，对文档的整体格式、内容层次进行规划。
(3)熟练掌握分页符、分节符在长文档中的运用。
(4)在长文档的编辑中，熟练应用样式和编号设置。
(5)熟练掌握目录的插入、更新及设置操作。
(6)熟练设置小节的页码、奇数页和偶数页的页眉和页脚信息。

二、实验内容

每个学院对毕业论文的排版有一些具体的要求，要事先弄清楚这些要求，安排好论文的整体格式，以便快速、有效地撰写论文。

在撰写毕业论文之前，要规划好论文的章节层次、拟定一份内容提纲，在此基础上充实和完善正文的内容。

通常，一份毕业论文包含封面、说明、目录、中文摘要和英文摘要、正文、结束语、致谢、参考文献、附录等部分，一般使用 A4 纸。下面是具体内容和要求。

1. 封面

封面占用一页，内容包括大标题"重庆三峡学院毕业设计(论文)"、具体的毕业论文题目、个人信息(姓名、学号、专业及班级、指导教师信息等)、完成时间等。

封面内容的格式化很好处理，使用"开始"→"字体"下的格式化功能处理即可。空白地方的处理可以使用空行占位，也可以使用"页面布局"下的"段前"或"段后"的间距设置。

具体内容如图 3.24 所示。

注意：封面不设置页眉和页脚信息。

2. 说明

此页对于毕业论文的设计及实现情况进行说明；若几人合作完成同一课题，则添加任务分配表，说明任务分配情况；或者对毕业课题研究的内容进行原创性声明，如图 3.25 所示。

注意：说明部分也不设置页眉和页脚信息。

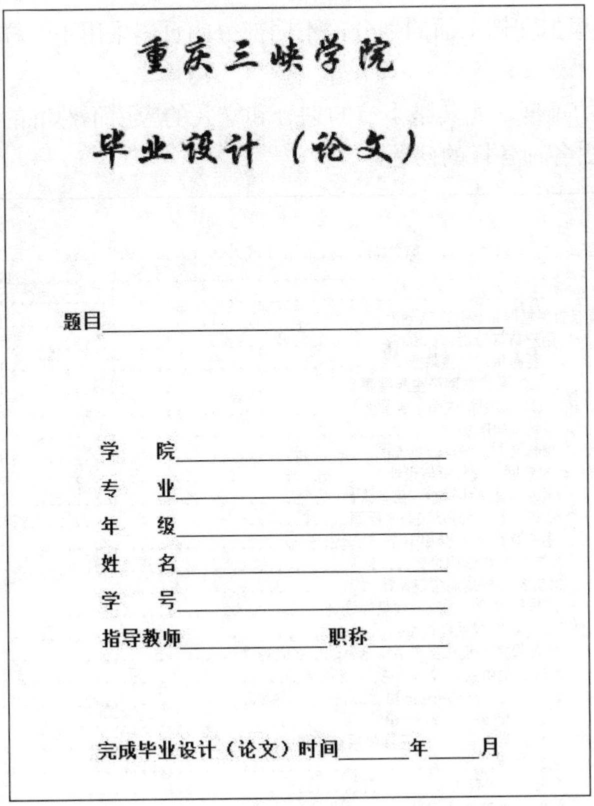

图 3.24　封面

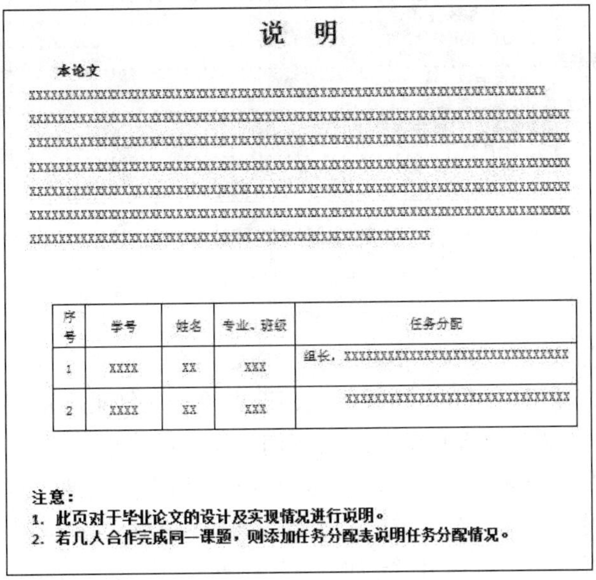

图 3.25　说明

3.　目录

　　目录是论文撰写中不可缺少的一部分，它能清楚地展示整篇文档的层次结构和内容提纲。依据论文中应用了样式的内容条，可以提取出整篇论文的层次结构，自动生成页码信息，并有跟踪正文内容的功能。

如图 3.26 所示，根据文档页面的划分，不同部分的页码采用不一样的符号，甚至有些格式化效果也不一样。

目录设置有一定的难度，尤其是小节的划分和样式的应用不熟练的话，想生成一份符合要求的目录时总是会出各种各样的问题。

目　　录

摘要..I
Abstract..II
1 引言..1
2 高校教材管理系统的需求分析................................1
　2.1 用户需求分析..1
　2.1.1 普通用户主要需要.....................................1
　　2.1.2 系级管理员主要需要.................................1
　　2.1.3 超级管理员主要需要.................................2
　2.2 数据字典的描述..3
　2.3 教材管理系统的数据流图................................4
3 高校教材管理系统分析与设计................................6
　3.1 系统设计总体思想、目标................................6
　3.2 高校教材管理系统的 ER 模型.............................6
　3.3 高校教材管理系统结构、功能设计........................8
　　3.3.1 系统结构设计.......................................8
　　3.3.2 系统功能模块设计...................................8
　3.4 高校教材管理系统的数据库设计..........................9
4 系统平台、计算模式及技术..................................10
　4.1 计算模式的进化及本系统选用的模式优越性................10
　　4.1.1 集中式管理——主机/终端模式........................10
　　4.1.2 Client/Server 模式.................................11
　　4.1.3 Brower/Server 模式.................................11
　　4.1.4 系统采用 B/S 三层体系结构模式的优越性..............11
　4.2 ASP 技术..12
　　4.2.1 ASP 概述...12
　　4.2.2 ASP 内建对象.......................................13
　　4.2.3 ASP 访问数据库的技术...............................13
　4.3 SQL Server 2000 数据库................................13
　　4.3.1 SQL Server 概述....................................13
　　4.3.2 SQL 常用命令.......................................14
5 系统实现..16
　5.1 用户登陆流程..16
　5.2 教材信息查询流程......................................16
　5.3 系级管理员预订教材流程................................17
　　5.3.1 普通预订...18
　　5.3.2 教材交叉预订.......................................18

图 3.26　目录

4. 摘要

摘要也是必需的部分，分为中文摘要、英文摘要两个部分，分别占一页。主要描述毕业课题研究的主要内容、使用的研究方法或模式、课题设计的结果展示等。还要给出全文的关键字(5 个左右)，以便于为论文今后的收录及查询工作提供信息。

通常，摘要内容写在单独一页上面，描述的内容要清晰、简洁，重点阐述个人独立完成的毕业课题的研究及设计内容。对完成情况进行实事求是的表达，忌用浮夸华丽的修饰。

摘要有一般的格式，主要包括 4 个方面：论文题目、个人信息及联系方式、具体内容、关键字，如图 3.27 所示。英文摘要要严格按照中文摘要的意思对照翻译，如图 3.28 所示。

注意：摘要部分的页码单独编号，不与正文合并，以示区别，便于抽取。

5. 正文

在正文撰写前，依据毕业论文的格式要求，先设计一份样式模板文档，以规范全文每个部分的格式化和排版处理。主要包括页面设置、段落设置及格式化、文本格式化、数据项及对象格式化等方面，如图 3.29 所示。这不仅可以提高文档设计的水平，还能使编辑、修改、美化和修饰工作变得更便捷。一般步骤是：根据拟定好的提纲，快速有效地编辑正文内容；接下来，应用模板中的样式对正文内容进行格式化和排版处理，如图 3.30 所示。

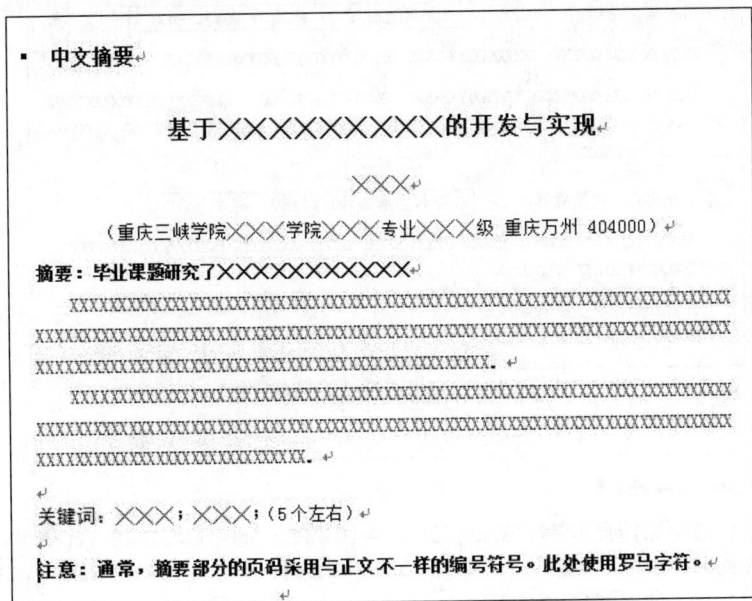

图 3.27　中文摘要

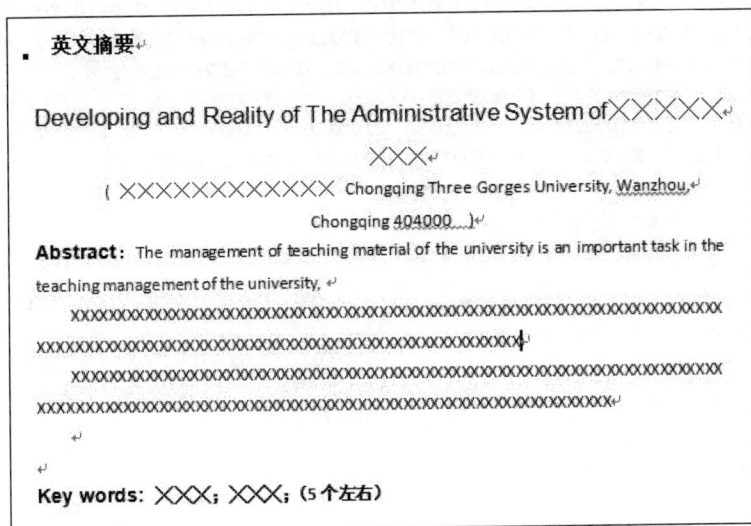

图 3.28　英文摘要

在正文中，经常要添加多张图片和表，图片和表格的格式化也可以应用样式。这些数据对象在正文中出现是有顺序的，编号工作通常使用"引用"→"插入题注"方式自动进行。

注意：关于样式和编号的详细操作见实验七。

XXXXXXXXXXXXXXXXXXXXXXXXXXXXXXXXXXXXXXXXXXXXXXXXXXXXXXXXXXXXXXXXXXXXX
XXXXXXXXXXXXXXXXXXXXXXXXXXXXXXXXXXXXXXXXXXXXXXXXXXXXXXXXXXXXXXXX

2 高校教材管理系统的需求分析　　一级标题格式为：标题1、黑体、四号

本系统主要根据重庆三峡学院的教材管理工作进行的需求分析：

2.1 用户需求分析　　二级标题格式为：标题2、黑体、小四号

XXXXXXXXXXXXXXXXXXXXXXXXXXXXXXXXXXXXXXXXXXXXXXXXXXXXXXXXXXXXXXXX
XXXXXXXXXXXXXXXXXXXXXXXXXXXXXXXXXXXXXXXXXXXXXXXXXXXXXXXXXXXXXXXX
XXXXXXXXXXXXXXX

2.1.1 普通用户主要需要：　　三级标题格式为：标题3、黑体、小四号

XXXXXXXXXXXXXXXXXXXXXXXXXXXXXXXXXXXXXXXXXXXXXXXXXXXXXXXXXXXXXXXX
XXXXXXXXXXXXXXXXXXXXXXX

2.1.2 系级管理员主要需要：

图 3.29　正文 1

2.2 数据字典的描述

数据字典是关于数据的信息的集合，也就是对数据流图包含的所有元素的定义的集合。任何字典最重要的用途都是供人查阅对不了解的条目的解释，数据字典的作用也正是在软件分析和设计的过程中给人提供关于数据的描述信息。
XXXXXXXXXXXXXXXXXXXXXXXXXXXXXXXXXXXXXXXXXXXXXXXXXXXXXXXXXXXXXXXX
XXXXXXXXXXXXXXXXXXXXXXXXXXXXXXXXXXXXXXXXXXXXXXXXXXXXXXXXXXXXXXXX
XXXXXXXXXXXXXXXXXXXXXXXXXXXXXXXXXXXXXXXXXXXXXXXXXXXXXXXXXXXXXXX。
XXXXXXXXXXXXXXXXXXXXXXXXXXXXXXXXXXXXXXXXXXXXXXXXXXXXXXXXXXXXXXXX
XXXXXXXXXXXXXXXXXXXXXXXXXXXXXXXXXXXXXXXXXXXXXXXXXXXXXXXXXXXXXXXX
XXXXXXXXXXXXXXXXXXXXXXXXXXXXXXXXXXXXXXXXXXXXXXXXXXXXXXXXXXXXXXX。

限于篇幅，下面给出本系统的部分数据字典描述：

(1)　教材库存报表的数据字典的描述：

名字：教材信息表

描述：三种用户都可以用不同的查询方式，获得教材信息、库存情况，经系统处理生成报表，主要存储教材信息及库存情况

定义：教材代号+教材名称+作者+出版社+出版日期+版本号+单价+现存数量+使用专业

位置：数据库教材信息表（bookinfo）

XXXXXXXXXXXXXXXXXXXXXXXXXXXXXXXX
XXXXXXXXXXXXXXXXXXXXXXXXXXXXXXXX
XXXXXXXXXXXXXXXXXXXXXXXXXXXXXXXX
XXXXXXXXXXXXXXXXXXXXXXXXXXXXXXXX
XXXXXXXXXX。

(2)　教材发放报表的数据字典的描述：

XXXXXXXXXXXXXXXXXXXXXXXXX
XXXXXXXXXXXXXXXXXXXXXXXXX
XXXXXXXXXXXXXXXXXXXXXXXXX
XXXXXXXXXXXXXX

XXXXXXXXXXXXXXXXXXXXXXXXXXXXXXXX
XXXXXXXXXXXXXXXXXXXXXXXXXXXXXXXX
XXXXXXXXXXXXXXXXXXXXXXXXXXXXXXXX
XXXXXXXXXXXXXXXXXXXXXXXXXXXXXXXX
XXXXXXXXXX

图 3.30　正文 2

6. 正文中的页眉和页脚

正文中，要设置页眉和页脚。一般，页眉设置论文和个人的相关信息，页码设置在页脚位置，分奇数页和偶数页；为了表达更多的信息，奇数页和偶数页的页眉信息可以写不同的内容。

如图 3.31 和图 3.32 所示，偶数页的页眉描述学生姓名、学号、专业等信息；奇数页的页眉描述论文标题及相关内容。

页眉和页脚也是长文档非常必要的设置，不仅可以根据奇数和偶数页设置页眉和页脚信息，而且还可以根据不同的小节来设置不同的页眉和页脚信息，把应用了小节样式的标题内容添加进去。

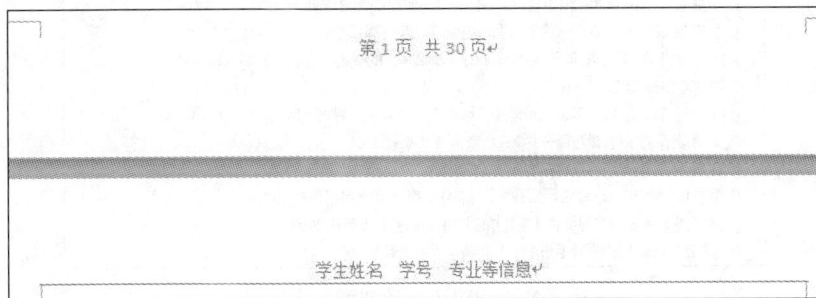

第1页 共30页↵

学生姓名 学号 专业等信息↵

图 3.31 页码信息及偶数页的页眉

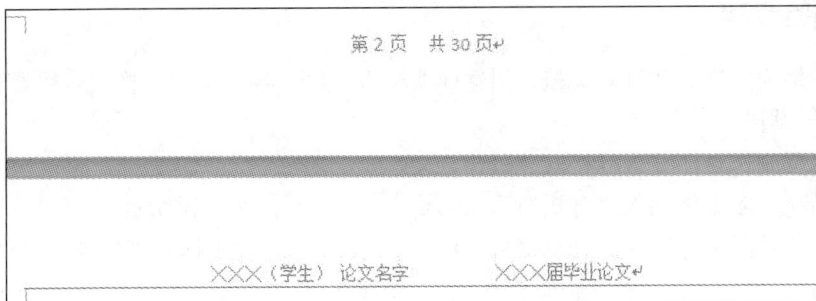

第2页 共30页↵

×××（学生）论文名字　　　×××届毕业论文↵

图 3.32 页码信息及奇数页的页眉

7. 结束语、致谢、参考文献

正文结束后，还要添加结束语，总结毕业课题设计中的感悟和收获。致谢部分要感谢在课题完成过程中给予帮助的人和特别的事，这是很人性化和尊重劳动成果的一种诚信表示，也是论文中必备的部分。参考文献要列出在课题和论文的完成中有指导价值的一些书籍、论文和各种资源。一般写 15 条左右最有参考价值的参考文献，但实际上，要查询和阅读的资料会远远大于这个数目，如图 3.33 所示。

8. 附录

在整个文档的最后，以新的页面添加附录信息，供阅读者参考。附录里主要写对正文的某部分内容的深入研究和实现过程。若要表达的内容不只一条，则应编号并给出标题。比如：计算机专业的学生写出某系统功能模块的实现代码；数学专业的学生写出正文中某个结论的详细推导过程；体育专业学生给出正文中引用了结论的资料原文；美术专业的学生写出艺术作品创作的中间过程。

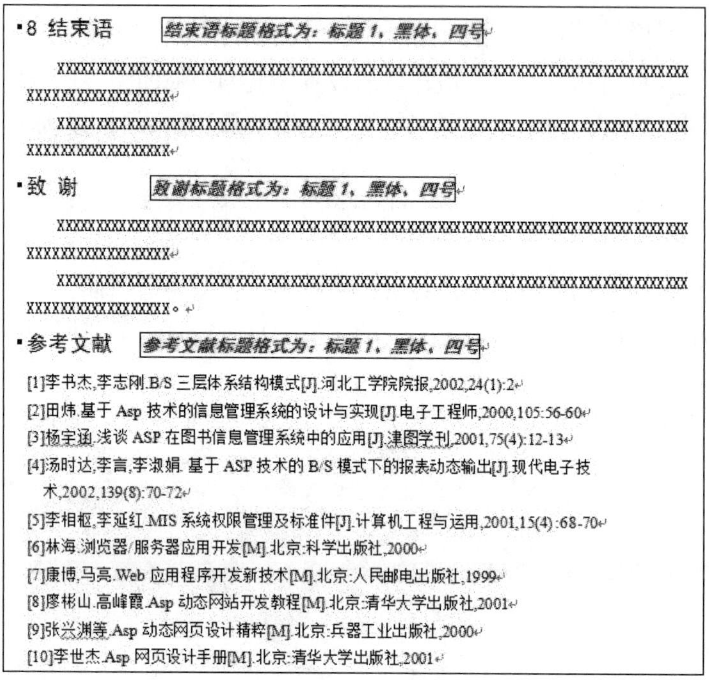

8 结束语　　结束语标题格式为：标题 1，黑体，四号

XXXXXXXXXXXXXXXXXXXXXXXXXXXXXXXXXXXXXXXXXXXXXXXXXXXXXXXXXXXXXXXXXXXXXXXXXXXXXXXXXXXXXXXXXXXXXXXXXXXXXXXXXXXXXXXX XXXXXXXXXXXXXXXXXX

XXXXXXXXXXXXXXXXXXXXXXXXXXXXXXXXXXXXXXXXXXXXXXXXXXXXXXXXXXXXXXXXXXXXXXXXXXXXXXXXXXXXXXXXXXXXXXXXXXXXXXXXXXXXXXXX XXXXXXXXXXXXXXXXXX

致 谢　　致谢标题格式为：标题 1，黑体，四号

XXXXXXXXXXXXXXXXXXXXXXXXXXXXXXXXXXXXXXXXXXXXXXXXXXXXXXXXXXXXXXXXXXXXXXXXXXXXXXXXXXXXXXXXXXXXXXXXXXXXXXXXXXXXXXXX XXXXXXXXXXXXXXXXXX

XXXXXXXXXXXXXXXXXXXXXXXXXXXXXXXXXXXXXXXXXXXXXXXXXXXXXXXXXXXXXXXXXXXXXXXXXXXXXXXXXXXXXXXXXXXXXXXXXXXXXXXXXXXXXXXX XXXXXXXXXXXXXXXXXX。

参考文献　　参考文献标题格式为：标题 1，黑体，四号

[1]李书杰,李志刚.B/S 三层体系结构模式[J].河北工学院院报,2002,24(1):2

[2]田炜.基于 Asp 技术的信息管理系统的设计与实现[J].电子工程师,2000,105:56-60

[3]杨宇涵.浅谈 ASP 在图书信息管理系统中的应用[J].津图学刊,2001,75(4):12-13

[4]汤时达,李言,李淑娟. 基于 ASP 技术的 B/S 模式下的报表动态输出[J].现代电子技术,2002,139(8):70-72

[5]李相枢,李延红.MIS 系统权限管理及标准件[J].计算机工程与运用,2001,15(4):68-70

[6]林海.浏览器/服务器应用开发[M].北京:科学出版社,2000

[7]康博,马亮.Web 应用程序开发新技术[M].北京:人民邮电出版社,1999

[8]廖彬山.高峰霞.Asp 动态网站开发教程[M].北京:清华大学出版社,2001

[9]张兴渊等.Asp 动态网页设计精粹[M].北京:兵器工业出版社,2000

[10]李世杰.Asp 网页设计手册[M].北京:清华大学出版社,2001

图 3.33　结束语、致谢和参考文献

三、实验步骤

(1) 弄清楚论文格式和排版规范，创建样式模板文档。各个级别的样式一般要包含内容的格式化、编号设置等。

(2) 在首页制作封面并进行格式化处理。

(3) 在当前页面末尾插入“分页符”，进入下一个页面，制作说明页。

(4) 在当前页面末尾插入“分页符”，进入下一个页面，写上标题“目录”，为目录页预留位置。

(5) 在当前页面末尾插入分节符，单击“页面布局”→“分隔符”→“分节符”→“下一页”即可。

(6) 制作中文摘要页。

(7) 在当前页面末尾插入“分页符”，进入下一个页面，制作英文摘要页。

(8) 在当前页面末尾插入分节符，单击“页面布局”→“分隔符”→“分节符”→“下一页”，插入点跳转到下一个新页面的开头处。

(9) 回到中文摘要页，对摘要小节的内容在页脚处添加页码信息，采用罗马字符Ⅰ、Ⅱ等编号。双击页脚处的位置，打开“页眉和页脚工具”，勾选“首页不同”“奇偶页不同”“显示文档文字”3 个选项。

(10) 在“页码”→“设置页码格式”对话框里进行设置即可，选定页脚处的内容，可以修改字体，对字号等格式化设置。

(11) 在当前页面末尾插入分节符，单击“页面布局”→“分隔符”→“分节符”→“下一页”，插入点跳转到下一个新页面的开头处。

(12) 编辑正文，应用样式，详细操作见实验七。

(13)回到"目录"页，确定插入点，单击"引用"→"目录"→"插入目录"对话框，选择"目录"选项卡，勾选"显示页码"和"页码右对齐"，格式选择"正式"，单击"确定"即可自动生成目录信息。选定目录内容，还可以进行格式化设置。

(14)为正文设置页眉和页脚信息。打开"页眉和页脚工具"，勾选"奇偶页不同""显示文档文字"两个选项。

(15)单击"插入"→"页码"→选择"页面底端"→"普通数字2"，在页脚编辑状态下，在第一页的页码"1"的左侧输入"第"字，右侧输入"页，共30页"，选定页脚内容，可以进行格式化处理。关闭页眉和页脚，回到正常的编辑状态，看看设置效果是否需要修改。

注意：页码库包含"第X页，共Y页"格式，其中Y是整篇文档的总页数。而此处的"共多少页"要根据正文的总页数来确定，所以页码库中的格式不能使用。此处用30页仅为举例，具体多少页视情况确定。

(16)先在奇数页处设置页码，若偶数页没有正常显示，则在偶数页处重做一次上述操作。

(17)选择"插入"页眉→"编辑页眉"，在奇数页处输入相关的内容，在偶数页处输入相关的内容。关闭页眉和页脚，回到正常的编辑状态，看看设置效果是否需要修改。

(18)在正文尾部，添加结束语，标题应用样式并编号。致谢、参考文献两部分标题应用的样式里不设置编号。

(19)参考文献的条目要编号，可以使用"开始"功能区的编号功能，一般使用"[1]"方式。也可以使用"引用"→"插入尾注"进行设置。

(20)在当前页面末尾插入"分页符"，进入下一个页面。添加"附录"部分的内容，标题也要应用"致谢"处的样式，以使标题生成在目录中。附录里的内容及格式化自拟，可以与正文的不同，但是尽量一致。

(21)在插入了目录后，又编辑了新内容，接下来更新目录。回到"目录"页面，确定插入点在该页目录内容处，单击"引用"→"更新目录"即可。

四、思考与练习

毕业的时候每位学生都要写一篇毕业论文，一篇论文与书籍、教材的编辑排版过程是相似的。要求：30页左右，图文并茂。

若使用Word 2010或者其他文字处理软件(如：WPS)提供的工具，你能独立完成这份文档的设计吗？想一想，具体该怎么做？

第4章 Excel 2010 应用技术

实验一 工作表的创建、格式编排与数据统计

一、实验目的

(1) 理解工作簿、工作表及单元格的概念。

(2) 会输入工作表数据，并进行基本格式设置，主要包括设置单元格格式、合并单元格、表格框线及背景颜色填充设置等。

(3) 会使用"条件格式"将满足条件的内容用特定格式自动凸显。

(4) 掌握常用函数的使用方法，包括 AVERAGE()、MIN()、MAX()、IF()、COUNT()、COUNTIF() 等。

(5) 会进行公式编写。

二、实验内容

成绩统计效果如图 4.1 所示，录入数据进行格式设置以及成绩统计。完成以下练习：

学号	姓名	平时成绩	实验	理论	总成绩	等级	排名
2014150601	黄学圣	95.00	89.00	62.00	74.00	中	5
2014150602	何东	85.00	95.00	85.00	87.00	良	2
2014150603	周俊明	95.00	92.00	93.80	93.68	优	1
2014150604	张光立	95.00	72.00	72.00	76.60	中	4
2014150605	方海峰	95.00	80.00	56.00	68.60	合格	6
2014150606	李琦	90.00	60.00	44.00	56.40	不合格	7
2014150607	张力	95.00	75.00		有缺考	不合格	缺考
2014150608	张建立	95.00	90.00	79.00	84.40	良	3
2014150609	俞飞飞	90.00		44.00	有缺考	不合格	缺考
平均分		92.78	81.63	66.98	77.24		
最高分		95.00	95.00	93.80	93.68		
最低分		85.00	60.00	44.00	56.40		
（总成绩>=60分）人数					6		
（80>总成绩>=70分）人数					2		

大学计算机基础期末考试成绩

图 4.1 成绩统计效果

(1) 设置单元格格式，合并单元格，设置字体和字号。

(2) 设置表格单双线，设置部分单元格区域的背景颜色。

(3) 利用条件格式将"实验"或"理论"成绩大于等于 90 分的学生自动用红色填充（"实验"或"理论"成绩空白则表示学生缺考）。

(4) 利用函数与公式计算出各位学生总成绩(自动判断学生是否有缺考项目)、(总成绩)等级、排名，以及班上该门课程各项成绩的平均分、最高分、最低分、(总成绩>=60 分)人数、(80>总成绩>=70 分)人数。

三、实验步骤

1. Excel 启动与数据录入

(1) Excel 的启动及其窗口

单击"开始"菜单的"程序"→Microsoft Office→Microsoft Office Excel 2010 命令，或双击桌面上的 Excel 快捷图标，打开 Excel 应用程序窗口。

(2) 在 Excel 工作簿的 Sheet1 工作表中录入如图 4.2 所示内容。在录入学号 2014150601 时，应先输入单引号"'"，再输入 2014150601，再按住"填充柄"往下拖，即可完成学号的输入。

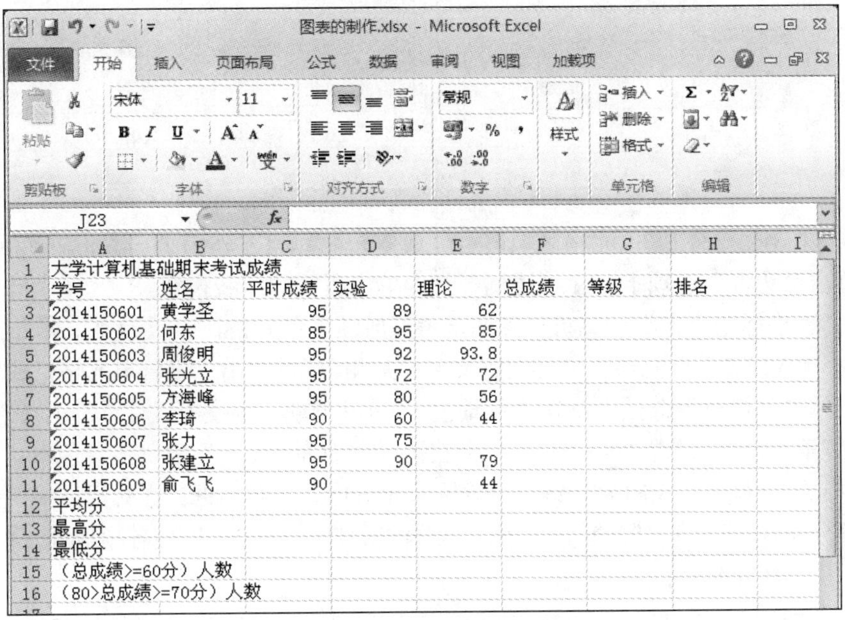

图 4.2　数据录入

(3) 单击"文件"选项卡→"保存"，在"另存为"对话框的"文件名(N)"中输入 test1，单击"保存类型(T)"右边向下小箭头，从下拉菜单中选择"Excel 工作簿"，选择保存的具体位置，单击"保存(S)"按钮。

2. 格式设置

(1) 选择"A1:H1"单元格区域，单击"开始"选项卡→"对齐方式"组，选择"合并后居中"选项。

(2) 重复步骤(1)分别完成"A12:B12""A13:B13""A14:B14""A15:B15"和"A16:B16"单元格区域的"合并后居中"。

(3) 选择"A2:H16"单元格区域，单击"开始"选项卡→"对齐方式"组，选择"居中"，将文字居中对齐。

(4) 选择"A2:H16"单元格区域，单击"开始"选项卡→"单元格"组→"格式"项，选择"设置单元格格式(E)"，弹出"设置单元格格式"对话框，如图 4.3(a)所示。在对话框中选择"边框"选项卡，在"线条"组内"样式(S)"中选择"双线"，在"预置"组里单击"外

边框(O)"。同样，在"线条"组内"样式(S)"中选择"单线"，在"预置"组里单击"内部
(I)"，单击"确定"按钮，完成相关表格框线设置。

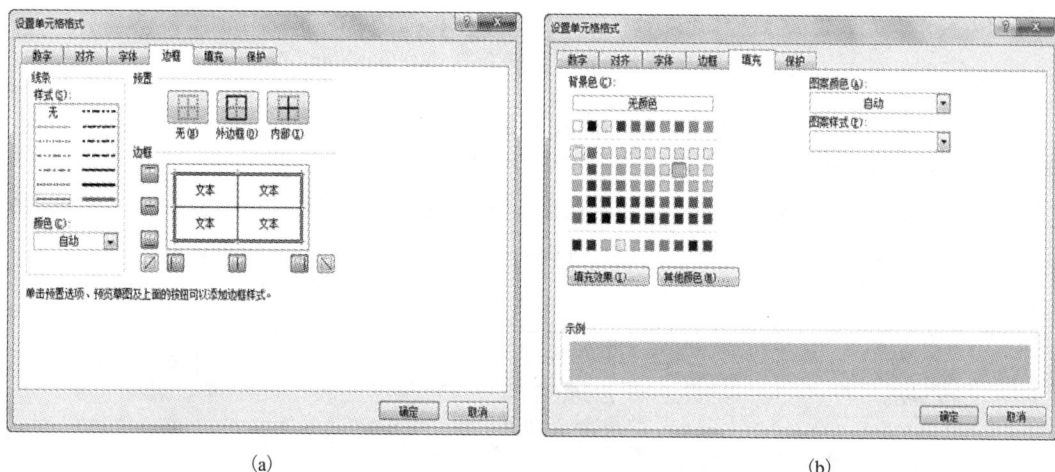

<table>
<tr><td>(a)</td><td>(b)</td></tr>
</table>

图 4.3　设置表格边框

(5)选择"G12：H16"单元格区域，合并成一个单元格。然后调出"设置单元格格式"
对话框，单击"边框"选项卡，在"边框"组内单击所需的斜线按钮。

(6)选择表格标题"大学计算机基础期末考试成绩"单元格，设置为"宋体"、20号。

(7)选择"A2:H2"单元格区域，设置文字"加粗"。再调出"设置单元格格式"对话框，
在对话框中单击"填充"选项卡，在"背景色(C)"中选择"淡紫色"，如图4.3(b)所示。

(8)重复第(7)步，设置"A3:B11"单元格区域"背景色(C)"为"淡黄色"。

(9)选择成绩区域"C3:F14"，调出"设置单元格格式"对话框。在对话框中选择"数字"
选项卡→"分类(C)"→"数值"，设置"小数位数(D)"为2，以使各项成绩保留小数点后
面2位显示，如图4.4所示。

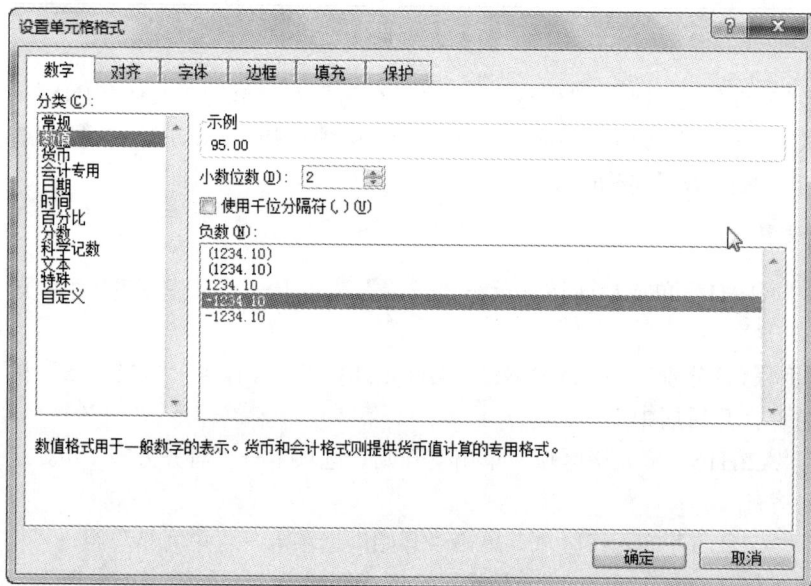

图 4.4　设置数字格式

(10)将"实验"或"理论"成绩大于等于 90 分的自动用红色填充。选择"D3:E11"单元格区域，即各学生"实验"和"理论"成绩列，单击"开始"选项卡→"样式"组→"条件格式"项→"突出显示单元格规则(H)"→"其他规则(M)"，如图 4.5 所示。弹出"新建格式规则"对话框，在"选择规则类型(S)"里选择"只为包含以下内容的单元格设置格式"，在"编辑规则说明(E)"中分别选择"单元格值""大于或等于""90"，单击"格式(F)"按钮，在弹出的"设置单元格格式"对话框中的"填充"选项卡内，设置"背景色"为红色，单击"确定"按钮，即可实现自动将所选区域成绩大于或等于 90 分的用红色自动填充这一功能，如图 4.6 所示。

图 4.5 设置条件格式　　　　　　图 4.6 新建格式规则

格式设置完成后的效果如图 4.7 所示。

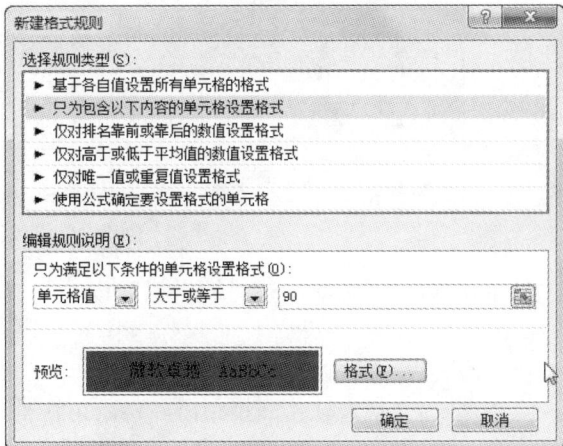

图 4.7 格式设置

3. 公式与函数的应用

(1)单击 F3 单元格，在"编辑栏"内输入"=IF(COUNT(D3:E3)<>2,"有缺考",E3*0.6+D3*0.2+C3*0.2)"（即，对某个学生"实验"和"理论"成绩进行计数，若不等于 2，表示学生有缺考，就在该学生"总成绩"栏中显示"有缺考"3 个字，而不进行"总成绩"的计算，否则表示没有缺考，就按照"总成绩"等于"平时成绩"占 20%，"实验"成绩占 20%，

"理论"成绩占 60%的比例进行计算），按键盘上的 Enter 键完成公式输入。单击 F3 单元格，向下拖动其填充柄到 F11 单元格进行公式填充，计算结果如图 4.8 所示。

F3	▼		f_x	=IF(COUNT(D3:E3)<>2,"有缺考",E3*0.6+D3*0.2+C3*0.2)			

大学计算机基础期末考试成绩

学号	姓名	平时成绩	实验	理论	总成绩	等级	排名
2014150601	黄学圣	95.00	89.00	62.00	74.00		
2014150602	何东	85.00	85.00	85.00	87.00		
2014150603	周俊明	95.00		94.00	93.68		
2014150604	张光立	95.00	72.00	72.00	76.60		
2014150605	方海峰	95.00	80.00	56.00	68.60		
2014150606	李琦	90.00	60.00	44.00	56.40		
2014150607	张力	95.00	75.00		有缺考		
2014150608	张建立	95.00	80.00	79.00	84.40		
2014150609	俞飞飞	90.00		44.00	有缺考		
平均分							
最高分							
最低分							
(总成绩>=60分) 人数							
(80>总成绩>=70分) 人数							

图 4.8 总成绩计算

（2）单击 G3 单元格，在"编辑栏"内输入"=IF(F3<>"有缺考", IF(F3<90, IF(F3<80, IF(F3<70, IF(F3<60, "不合格", "合格"), "中"), "良"), "优"), "不合格")"（即，对某个学生的总成绩进行判断，若没有缺考，就利用 IF() 函数的嵌套，就总成绩对应的等级进行判断并显示，否则表示有缺考，把有缺考的学生成绩等级也认定为"不合格"），按键盘上的 Enter 键完成公式输入。单击 G3 单元格，向下拖动其填充柄到 G11 单元格进行公式填充。

（3）单击 H3 单元格，在"编辑栏"内输入"=IF(F3<>"有缺考", RANK(F3,$F$3:$F$11,0), "缺考")"（即，对某个学生的总成绩进行判断，若没有缺考，就利用 RANK() 函数对总成绩对应的排名进行判断并显示，否则表示有缺考，把有缺考的学生不进行排名而是显示"缺考"），按键盘上的 Enter 键完成公式输入。单击 H3 单元格，向下拖动其填充柄到 H11 单元格进行公式填充。

（4）单击单元格 C12，选择"开始"选项卡，在"编辑"组中单击" Σ ▼ "右侧的下拉箭头，如图 4.9 所示。选择"平均值"，出现求平均值的公式 AVERAGE，确认公式中引用的区域范围为所需的"C3:C11"，按键盘上的 Enter 键。单击 C12 单元格，按住填充柄横向拖动到 F12 单元格，完成所有"平均分"栏目公式的填充。也可以直接在 C12 中输入公式 =AVERAGE(C3:C11)，然后再填充公式。

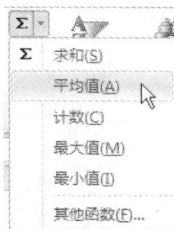

图 4.9 选择需要的函数

（5）用类似的方式在 C13 处插入求最大值函数 MAX，计算"C3:C11"区域的最大值，并拖动填充柄到 F13，填充对应公式；在 C14 处插入求最小值函数 MIN，计算"C3:C11"的最小值，并拖动填充柄到 F14，填充对应公式。

（6）单击 F15 单元格，在编辑框中输入" =COUNTIF(F3:F11,">=60")"，按 Enter 键，完成自动统计(总成绩>=60 分)的人数。

（7）单击 F16 单元格，在编辑框中输入公式"=COUNTIF(F3:F11,"<80") –COUNTIF(F3:F11,"<70")"，按 Enter 键，完成自动统计(80>总成绩>=70 分)的人数。计算结果如图 4.10 所示。

图 4.10 求平均分、最高分、最低分、指定范围总成绩计数

(8)检查整个表格的框线在公式填充后是不是受到了影响，若不符合要求则重新进行表格框线的设置。

四、思考与练习

(1)如何将总成绩中大于等于 80 且小于 90 分的成绩用蓝色填充？

(2)如何根据总成绩自动统计(70>总成绩>=60 分)的人数？

实验二　图表的创建和编辑

一、实验目的

(1)掌握图表数据源的选择原则。

(2)会制作不同类型的图表。

(3)会在图表中显示自己需要的标签。

(4)了解迷你图的作用及制作。

二、实验内容

家电销售公司销售情况如图 4.11 所示。完成以下练习：

家电销售公司销售情况				
	冰箱	洗衣机	摄像机	照相机
一月	¥81,000	¥82,540	¥81,000	¥76,500
二月	¥58,500	¥51,750	¥91,500	¥90,000
三月	¥31,500	¥34,200	¥100,500	¥115,500
四月	¥136,000	¥142,500	¥15,000	¥18,000
五月	¥133,500	¥120,000	¥20,000	¥25,500

图 4.11　家电销售公司销售情况

(1)制作出各家电每月销售情况的三维柱形图。

(2)计算每月家电的销售总额，制作能反映每月销售家电总额情况的二维条形图，并在图中就每月具体销售总额进行标注。

(3)计算各家电1～5月的销售总额，并用饼图反映各电器的销售比例。

(4)做出各种家电销量1～5月趋势迷你图。

三、实验步骤

1. Excel数据录入及基本格式设置

(1)在计算机上启动Excel 2010软件，新建工作簿文件，在工作表中输入如图4.12所示内容，进行基本格式设置(加边框，合并单元格，设置标题为18号、宋体)。

	A	B	C	D	E	F	G
1			家电销售公司销售情况				
2		冰箱	洗衣机	摄像机	照相机	月销售总额	
3	一月	81000	82540	81000	76500		
4	二月	58500	51750	91500	90000		
5	三月	31500	34200	100500	115500		
6	四月	136000	142500	15000	18000		
7	五月	133500	120000	20000	25500		
8	趋势图						
9	合计						
10							

图4.12　家电销售公司销售情况数据

(2)选中销售金额区域B3:E7，单击鼠标右键，出现快捷菜单，选择"设置单元格格式(F)"，出现"设置单元格格式"对话框。在"数字"选项卡的"分类(C)"中选择"货币"，设置"小数位数(D)"为"0"，在"货币符号(国家/地区)(S)"中选择人民币符号"¥"，单击"确定"按钮完成货币格式设置，如图4.13所示。然后，保存工作簿为test2.xlsx文件。

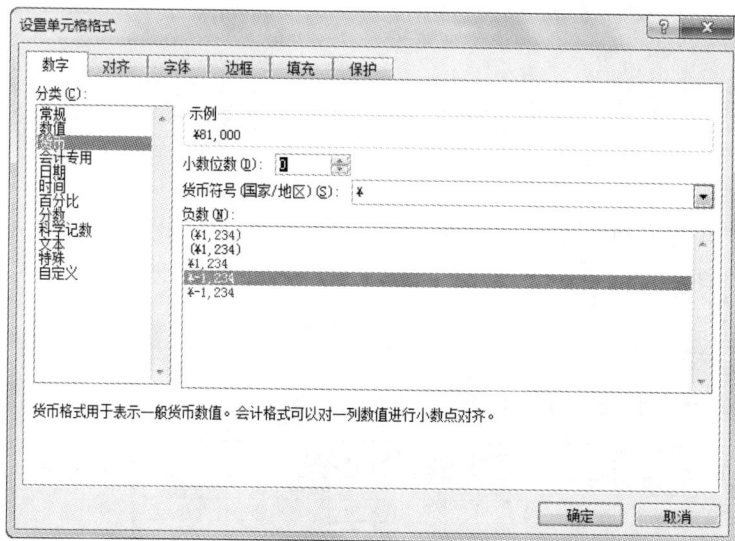

图4.13　设置货币格式

2. 各家电每月销售情况三维柱形图的制作

选择"A2:E7"单元格区域，选择"插入"选项卡，在"图表"组中单击"柱形图"按钮，选择"三维柱形图"，如图4.14所示。即可完成能反映各家电每月销售情况的三维簇状柱形图的制作，如图4.15所示。

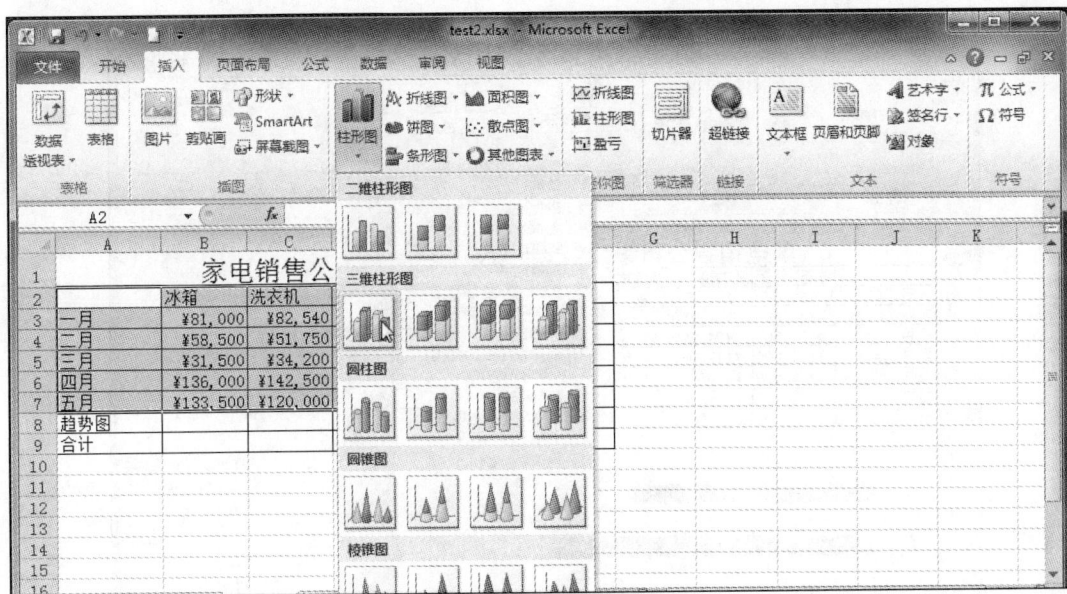

图 4.14 选择三维柱状图

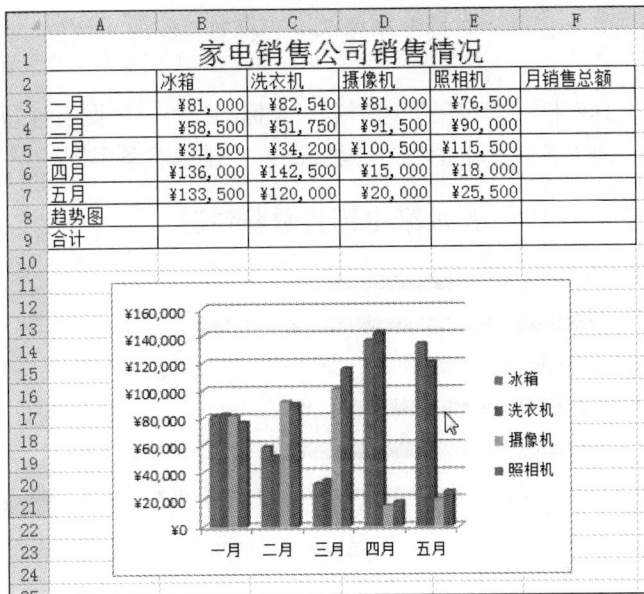

图 4.15 "三维柱形图"效果

3. 各月家电销售总量的二维簇状条形图制作

(1) 在 F3 单元格中输入"=SUM(B3:E3)",计算各家电"一月"的月销售总额,向下拖动 F3 单元格右下角填充柄,完成"二月""三月""四月""五月"的家电月销售总额的计算。

(2) 先选择"A3:A7"单元格区域,按住 Ctrl 键同时选择"F3:F7"单元格区域,选择"插入"选项卡,在"图表"组中单击"条形图"按钮,选择"二维"下的"簇状条形图",即可在工作表中出现该二维簇状条形图,同时在 Excel 窗口上方出现"图表工具"栏。

(3) 选择"图表工具"栏→"布局"选项卡→"标签"组→"数据标签"项,选择"居中",如图 4.16 所示。每月销售家电的总金额数据将居中放置在数据点上。

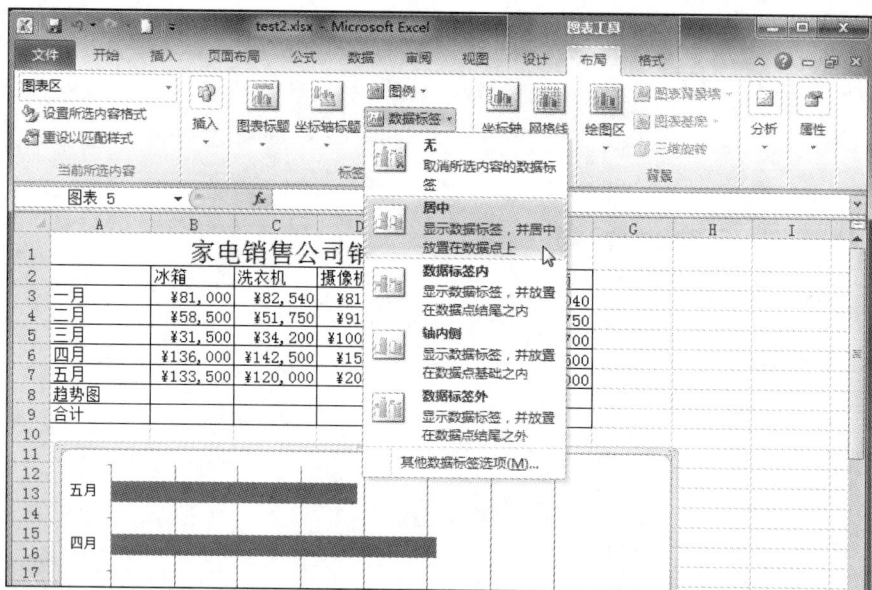

图 4.16 选择居中显示数据

(4)选择"图表工具"栏→"布局"选项卡→"标签"组→"图例"项,选择"无",取消图例显示。

(5)选择"图表工具"栏→"布局"选项卡→"标签"组→"图表标题"项,选择"图表上方",修改标题文字为"各月家电销售总额情况",二维簇状条形图效果如图 4.17 所示。

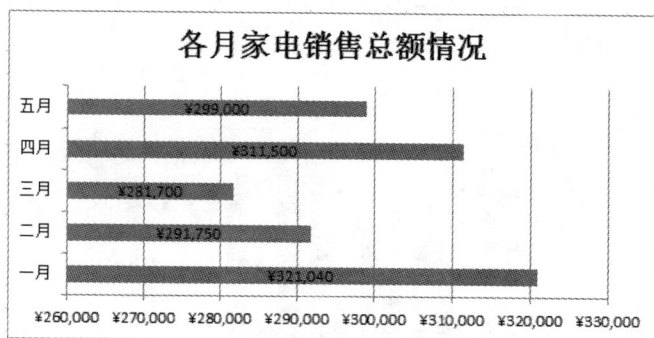

图 4.17 二维簇状条形图效果

4. 各家电销售总额的分离型三维饼图制作

(1)在 B9 单元格中输入公式"=SUM(B3:B7)",计算出"冰箱"的销售总额,横向拖动"填充柄"到 F9,计算其他商品销售总额。

(2)先选择"B2:E2"单元格区域,按住 Ctrl 键同时选择"B9:E9"单元格区域,选择"插入"选项卡→"图表"组,单击"饼图"项,在"三维饼图"中选择"分离型三维饼图",工作表中出现该饼图。

(3)选择"图表工具"栏→"布局"选项卡,单击"数据标签",选择"其他数据标签选项(M)",弹出"设置数据标签格式"对话框,如图 4.18 所示。选择"标签选项"组→"标签包括"组,选择"百分比(P)"复选框,取消"值(V)"复选框,单击"关闭"按钮。图表效果如图 4.19 所示。

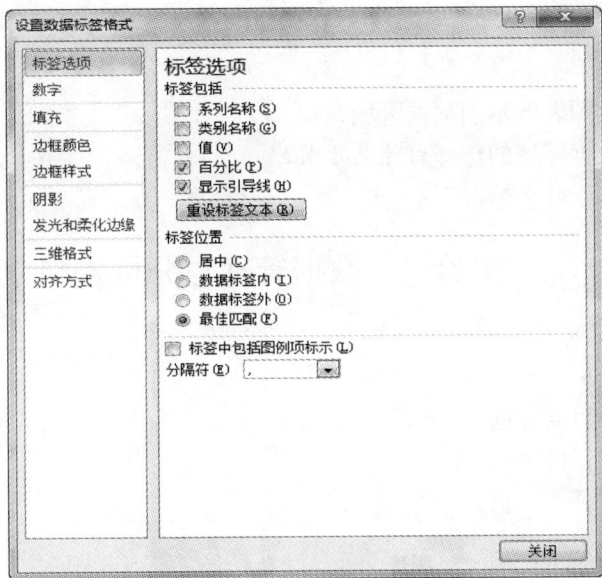

图 4.18　标签选项设置

5. 各种家电销量趋势迷你图

(1)选择 B8 单元格→"插入"选项卡→"迷你图"组，选择"折线图"，弹出"创建迷你图"对话框，如图 4.20 所示在"数据范围(D)"中输入"B3:B7"，在"位置范围(L)"中输入"$B$8"，单击"确定"按钮，即可在 B8 单元格中出现能显示冰箱在 1～5 月销售趋势的折线型迷你图。

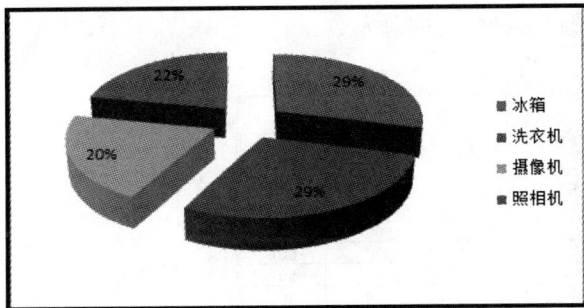

图 4.19　各家电销售总量饼图

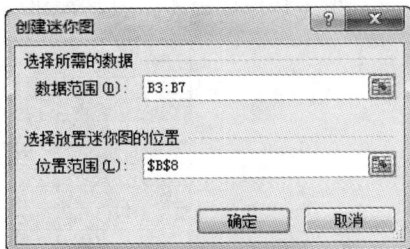

图 4.20　"创建迷你图"对话框

(2)单击 B8 单元格，横向拖动"填充柄"填充 C8、D8、E8、F8 单元格。折线型迷你图效果如图 4.21 所示。

	A	B	C	D	E	F
1		家电销售公司销售情况				
2		冰箱	洗衣机	摄像机	照相机	月销售总额
3	一月	¥81,000	¥82,540	¥81,000	¥76,500	¥321,040
4	二月	¥58,500	¥51,750	¥91,500	¥90,000	¥291,750
5	三月	¥31,500	¥34,200	¥100,500	¥115,500	¥281,700
6	四月	¥136,000	¥142,500	¥15,000	¥18,000	¥311,500
7	五月	¥133,500	¥120,000	¥20,000	¥25,500	¥299,000
8	趋势图					
9	合计	¥440,500	¥430,990	¥308,000	¥325,500	¥1,504,990

图 4.21　"迷你图"效果

四、思考与练习

(1) 如何直接更改图表展示的数据区域？

(2) 制作饼图对数据区域的选择有什么要求？

(3) 迷你图一般用于什么情况下？

实验三　数据管理与分析

一、实验目的

(1) 会对数据进行自动筛选。

(2) 掌握对数据进行排序的方法。

(3) 会对数据进行分类汇总。

(4) 理解数据透视表的组成。

(5) 会制作数据透视表，对数据进行综合分析。

二、实验内容

"职工基本信息表"如图 4.22 所示。进行如下练习：

(1) 对"职工基本信息"数据进行自动筛选，筛选出学历为"本科"而且性别为"男"的职工信息。

(2) 按"姓名"对数据进行降序排序；以"学历"为排序主要关键字且次序选择"升序"，以"专业"为次要关键字且次序选择"降序"进行自定义排序。

(3) 按"学历"进行分类汇总，快速统计各种学历的总人数。

(4) 生成数据透视表，对数据进行综合分析。

职工基本信息表

编号	姓名	性别	学历	专业	工作补贴(元)	工作组
0001	郭亮	男	本科	计算机	2000	M01
0002	张敏	女	大专	会计	1800	M02
0003	李燕萍	女	大专	财政	1800	M01
0004	蔡芬	女	大专	会计	1800	M02
0005	潘小灵	女	大专	计算机	1800	M01
0006	沈红梅	女	本科	会计	2000	M03
0007	严伟	男	硕士	税务	2300	M01
0008	何向东	男	硕士	财政	2300	M03
0009	周明	男	本科	英语	2000	M02
0010	刘红绪	女	硕士	英语	2300	M03

图 4.22　职工基本信息

三、实验步骤

1. 新建工作簿文件

新建工作簿文件在计算机上启动 Excel 2010 软件，新建工作簿文件，在其中输入以下内容，并保存为 test3.xlsx 文件，如图 4.23 所示。

2. 对数据进行自动筛选

(1) 单击数据区域中的任意单元格→"开始"选项卡→"编辑"组，单击"排序和筛选"项，选择"筛选(F)"，在每个字段名旁将会出现一个向下小箭头，如图 4.24 所示。

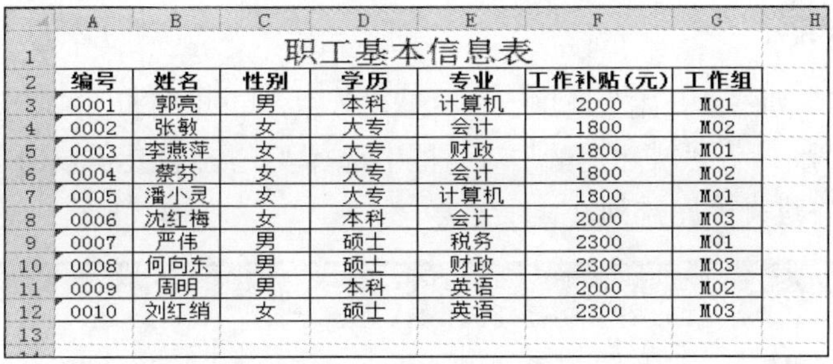

图 4.23　数据录入

图 4.24　进行筛选

(2)单击需要筛选的字段旁的向下小箭头，选择"学历"字段，出现筛选参数设置下拉菜单，设置需要筛选出的数据，选择"学历"字段中的"本科"，如图 4.25 所示单击"确定"按钮完成筛选出"本科"学历职工的操作。

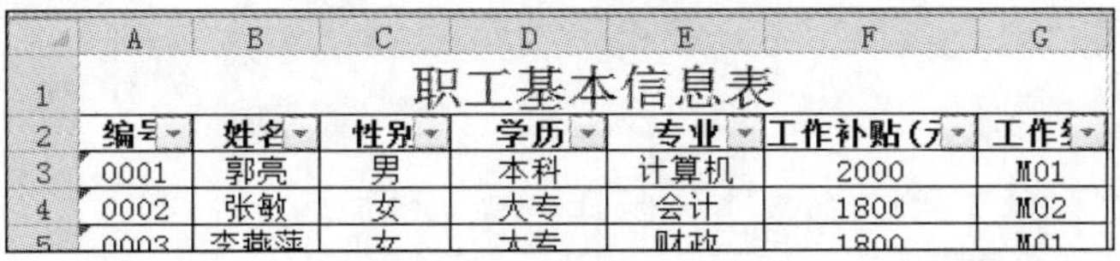

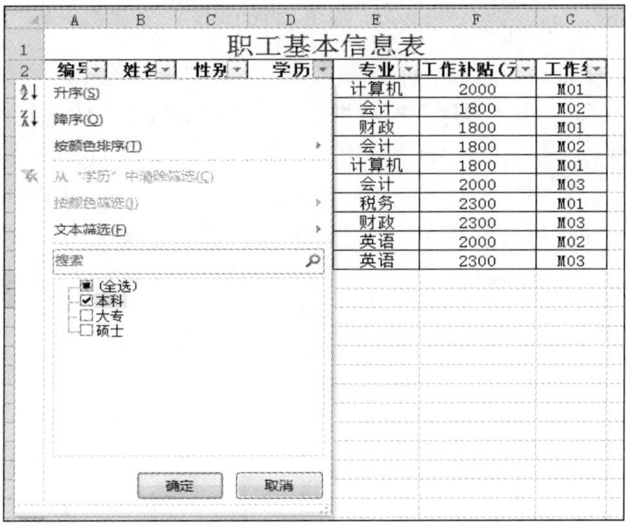

图 4.25　设置筛选参数

(3)类似步骤(2)的操作，在"性别"字段中设置筛选内容为"男"，单击"确定"按钮，即可在筛选出满足学历是"本科"而且性别为"男"的条件的职工信息。此例中满足条件的有 2 人，筛选结果如图 4.26 所示。

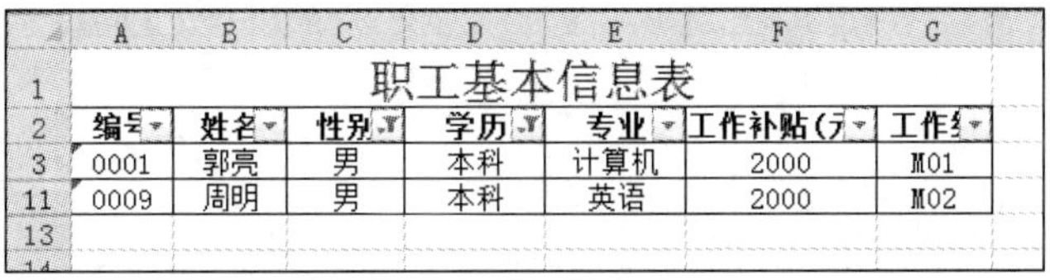

图 4.26　筛选结果

(4)选择数据区域的任意单元格，再次选择"筛选"命令即可取消筛选。

3. 对数据进行排序

(1)选择"姓名"列→"开始"选项卡→"编辑"组，单击"排序和筛选"按钮，选择"降序"项，如图 4.27 所示。在"排序提醒"对话框中选择"扩展选定区域(E)"，单击"排序(S)"即可依据姓名的顺序进行降序排列。

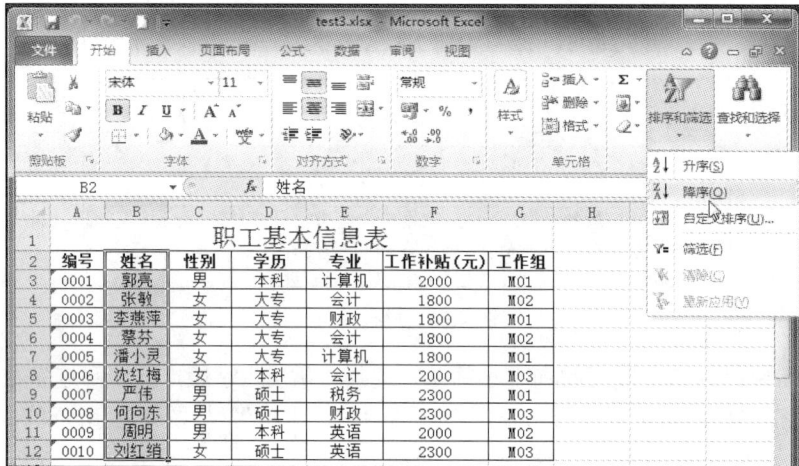

图 4.27　选择"降序"项

(2)选择数据区域中任意单元格→"开始"选项卡→"编辑"组，单击"排序和筛选"项，选择"自定义排序(U)"，弹出"排序"对话框。在"主要关键字"中选择"学历""数值""升序"。单击"添加条件(A)"，出现"次要关键字"行，在"次要关键字"里设置"专业""数值""降序"，如图 4.28 所示。单击"确定"按钮，即可完成首先按照"学历"升序排序，在"学历"相同时按照专业降序排序操作。多关键字排序结果如图 4.29 所示。

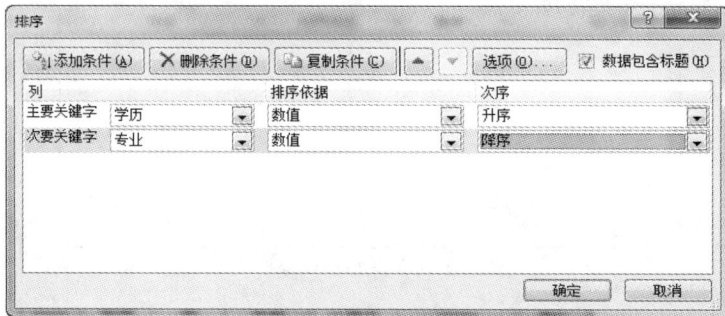

图 4.28　排序对话框

图 4.29　多关键字排序结果

4. 按"学历"进行分类汇总

(1)按照"学历"进行排序，升、降序自定。

(2)选择数据区域范围"A2:G12"→"数据"选项卡→"分级显示"组，选择"分类汇总"命令，弹出"分类汇总"对话框，设置"分类字段(A)"为"学历"，设置"汇总方式(U)"为计数，设置"选定汇总项(D)"为"学历"，如图4.30所示。单击"确定"按钮完成分类汇总，效果如图4.31所示。这样就快速统计出了职工表中各个学历的人数及总人数。

(3)单击行号旁边的分级显示符号 1 2 3，可以分级显示分类汇总的总计情况，单击分级显示符2(单击 ➕ 或者 ➖ 符号可以显示或隐藏各个分类汇总的明细数据行)的效果如图4.32所示。

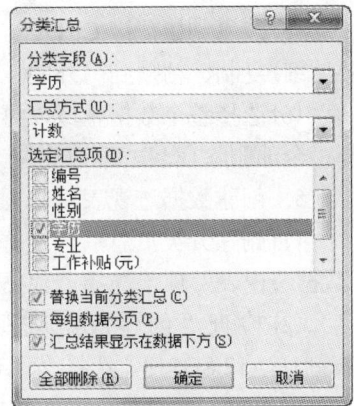

图4.30 设置分类汇总

图4.31 分类汇总效果

图4.32 单击分级显示符2的效果

(4)选择如图 4.33 所示区域，执行"开始"→"编辑"组→"查找和选择"→"定位条件"，出现"定位条件"对话框，如图4.34所示，选择"可见单元格"，单击"确定"按钮。

图4.33 选择需要的区域

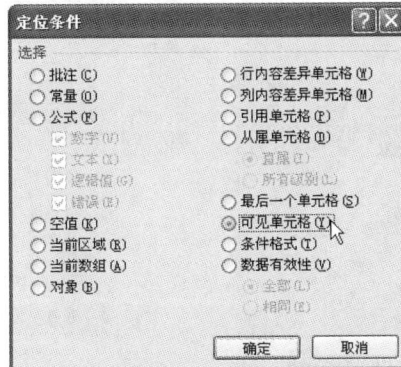

图4.34 定位条件对话框

(5)按复制快捷键 Ctrl+C，再到另外的工作表中按 Ctrl+V 粘贴，可以只将汇总数据(不需要明细)复制、粘贴到另外的工作表中。

(6)选择整个数据区域，再次选择"分类汇总"命令，在弹出的"分类汇总"对话框中选择"全部删除(R)"，即可删除"分类汇总"。

5. 创建数据透视表对数据进行综合分析

(1)删除分类汇总后，选择数据区域任意单元格，单击 "插入"选项卡→"表格"组→"数据透视表"项，选择"数据透视表"，弹出"创建数据透视表"对话框，如图 4.35 所示。

(2)检查"创建数据透视表"对话框中"选择一个表或区域(S)"的内容是不是 Sheet1!$A$2:$G$12，选择"现有工作表(E)"，在"位置(L)"中输入 Sheet1!$A$17(此处输入"Sheet1!$A$17"只是为了把数据透视表和原数据区域分开)，单击"确定"按钮。如果不是上述区域可以单击 按钮直接在 Sheet1 工作表中选择相应区域。

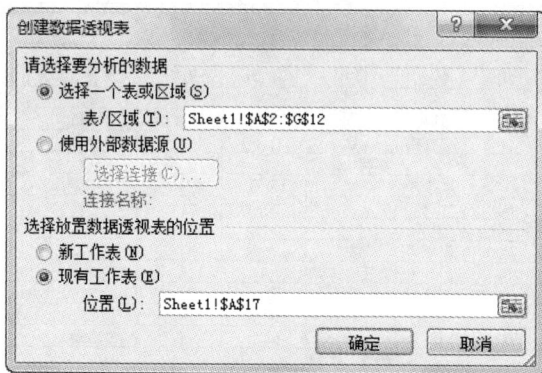

图 4.35 "创建数据透视表"对话框

(3)在窗口右边出现的"数据透视表字段列表"区域的"选择要添加到报表的字段"组中，把"性别"字段拖到"报表筛选"组，把"专业"字段拖到"列标签"组，把"工作组"字段拖到"行标签"组，把"姓名"字段拖到"数值"组，如图 4.36 所示。数据透视表效果如图 4.37 所示，显示了不同工作组中不同专业的人数情况。

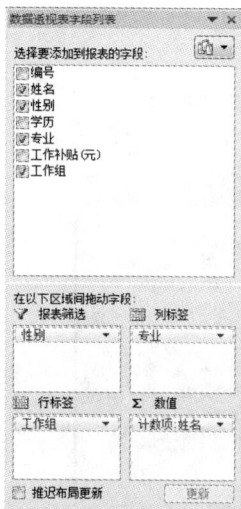

图 4.36 设置透视表字段

图 4.37 数据透视表

(4) 单击透视表中显示为"性别（全部）"单元格右边的向下箭头，在弹出的选择框中还可以设置单独显示不同性别的职工情况。

(5) 双击数据透视表中的数值区域的具体数字，还可以查看具体的职工情况。

(6) 数据透视表中的数据可以根据原表中数据的变化而进行刷新。

四、思考与练习

(1) 如何筛选出满足"男，本科，计算机专业"或者"女，硕士，英语专业"的职工信息。

(2) 在上例数据透视表中能否在对人数进行"计数"的同时对职工的"工作补贴"进行求和运算。

实验四　教师教学工作量统计

一、实验目的

(1) 会针对实际数据处理需要选择使用恰当的函数。

(2) 会根据数据处理需要自己编写公式。

(3) 能利用数据透视表进行数据统计。

(4) 会在数据透视表中使用切片器。

二、实验内容

教师教学工作量情况表如图 4.38 所示。完成如下练习：

姓名	课程名	班级	人数	理论学时	理论人数系数	理论重复系数	实验学时	实验人数系数	实验重复系数	最后总学时
陈飞	工程数学	12应用电子技术	34	54	1	1				
陈飞	经济数学III	12会计学1、2	85	64	1.5	1				
陈飞	线性代数	14软本1、2	70	48	1.2	1				
陈峰	计算机网络	13软本1	45	64	1	1				
陈峰	实验计算机网络	13软本1,1组	23				16	0.9	1	
陈峰	实验计算机网络	13软本1, 2组	22				16	0.9	0.9	
陈峰	实验微机故障分析与维护	13信本, 1组	27				16	0.9	1	
陈峰	实验微机故障分析与维护	13信本, 2组	26				16	0.9	0.9	
陈英	概率论与数理统计	12软本2	44	48	1	1				
陈英	高等数学I	14化学工程与工艺1、2	86	80	1.5	1				
陈英	高等数学I	14软本1、2	71	80	1.5	0.9				
陈英	工程数学	12化学工程与工	99	40	1.7	1				

图 4.38　教师教学工作量

(1) 计算教师每门次课程的总学时。

(2) 利用数据透视表统计每名教师担任的总门次课程数以及总学时数。

(3) 在数据透视表中，使用切片器直观地进行数据筛选。

(4) 利用公式计算每名教师的超课时数。

(5) 利用函数统计担任不同课时段的教师人数，并计算比例。

(6)生成学时比例情况柱状图。

(7)利用函数统计教师总学时中的最高学时、最低学时和平均学时。

三、实验步骤

1. 计算教师每门次课程的总学时

(1)打开"教师教学工作量.xlsx"文件，在 K3 单元格中按照"总学时=理论学时×理论人数系数×理论重复系数+实验学时×实验人数系数×实验重复系数"的规则输入公式"=E3*F3*G3+H3*I3*J3"。

(2)利用填充柄填充该公式至最后一条记录处，如图 4.39 所示。

姓名	课程名	班级	人数	理论学时	理论人数系数	理论重复系数	实验学时	实验人数系数	实验重复系数	最后总学时
\multicolumn{11}{	c	}{教师教学工作量}
陈飞	工程数学	12应用电子技术	34	54	1	1				54
陈飞	经济数学III	12会计学1、2	85	64	1.5	1				96
陈飞	线性代数	14软本1、2	70	48	1.2	1				57.6
王峰	计算机网络	13软本1	45	64	1	1				64
王峰	实验计算机网络	13软本1,1组	23				16	0.9	1	14.4
王峰	实验计算机网络	13软本1,2组	22				16	0.9	0.9	12.96
王峰	实验微机故障分析与维护	13信本,1组	27				16	0.9	1	14.4
王峰	实验微机故障分析与维护	13信本,2组	26				16	0.9	0.9	12.96
陈英	概率论与数理统计	12软本2	44	48	1	1				48
陈英	高等数学I	14化学工程与工艺1、2	86	80	1.5	1				120
陈英	高等数学I	14软本1、2	71	80	1.5	0.9				108
陈英	工程数学	12化学工程与工	40							69

图 4.39 计算每门次课程的总学时

2. 利用数据透视表统计每名教师担任的总门次课程数以及总学时数

(1)选中所有的数据"A2:K185"，选择"插入"选项卡→"表格"组→"数据透视表"项，选择"数据透视表"，弹出"创建透视表"对话框。

(2)在"创建透视表"对话框中选择"新工作表(N)"，单击"确定"按钮，将出现一个新的工作表，以及"数据透视表字段列表"窗格。

(3)在"数据透视表字段列表"区域中，把"姓名"字段拖到"行标签"组，把"课程名"和"最后总学时"字段拖到"数值"组，效果如图 4.40 所示。自动对课程名进行"计数"，同时对最后总学时进行"求和"(在数据透视表区域单击右键，在快捷菜单的"值汇总依据"中可以改变值的汇总方式)。

(4)单击数据透视表区域中的某个单元格，选择"数据透视表工具"→"选项"→"排序和筛选"组→"插入切片器"，出现"插入切片器"对话框，在对话框中选择"姓名"和"课程名"，单击"确定"按钮。将出现"姓名"和"课程名"切片器，单击切片器上相应的信息可以很直观地将筛选数据展示给用户，让数据分析的呈现更加方便，效果如图 4.41 所示。

(5)单击切片器右上角的 按钮可以清除相应筛选。

(6)选择切片器，按 Delete 键可以删除切片器。

3. 计算每名教师的超课时数

(1)在新建的数据透视表所在工作表中的 D3 单元格中输入"超课时(大于 200 学时)"标题。

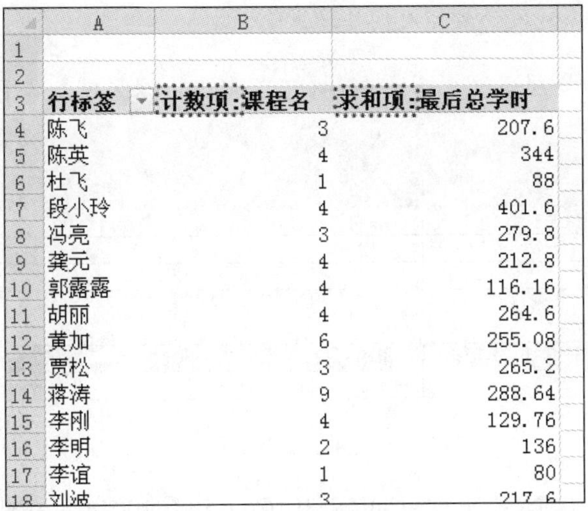

行标签	计数项:课程名	求和项:最后总学时
陈飞	3	207.6
陈英	4	344
杜飞	1	88
段小玲	4	401.6
冯亮	3	279.8
龚元	4	212.8
郭露露	4	116.16
胡丽	4	264.6
黄加	6	255.08
贾松	3	265.2
蒋涛	9	288.64
李刚	4	129.76
李明	2	136
李谊	1	80
刘波	3	217.6

图 4.40　计算每名教师担任的总门次课程数以及总学时数

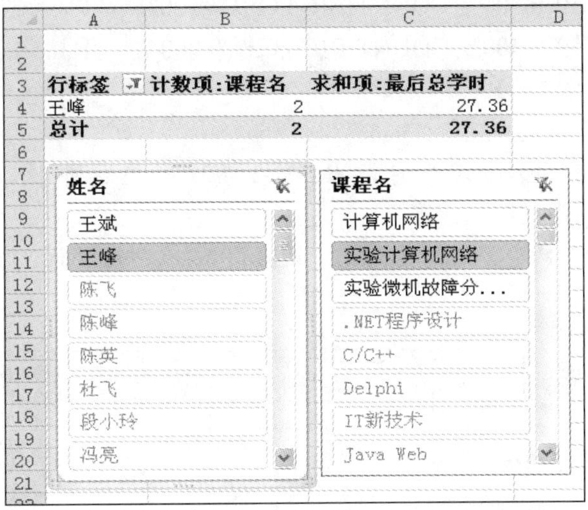

图 4.41　插入切片器

(2) 在 D4 单元格中按照规则“大于 200 个学时的学时数为相应的超课时数”，输入公式“=IF(C4>200,C4-200,0)”，然后利用填充柄填充公式，完成每名教师对应超课时的计算。

(3) 为整个表格添加相应的边框和底纹，效果如图 4.42 所示。

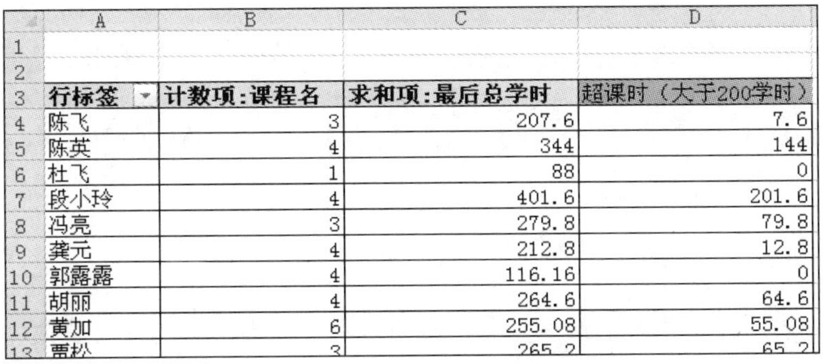

行标签	计数项:课程名	求和项:最后总学时	超课时（大于200学时）
陈飞	3	207.6	7.6
陈英	4	344	144
杜飞	1	88	0
段小玲	4	401.6	201.6
冯亮	3	279.8	79.8
龚元	4	212.8	12.8
郭露露	4	116.16	0
胡丽	4	264.6	64.6
黄加	6	255.08	55.08
贾松	3	265.2	65.2

图 4.42　计算超课时

4. 统计担任不同课时段的教师人数并计算比例

(1)在整个表格的上面添加几个空白行(与当前的数据区域分隔开),然后在上面设计如图 4.43 所示表格。

	总课时<100	100<=总课时<200	200<=总课时<300	总课时>=300
人数				
比例				

行标签	计数项:课程名	求和项:最后总学时	超课时(大于200学时)
陈飞	3	207.6	7.6
陈某	4	344	144

图 4.43 设计表格

(2)在 B2 单元格中键入公式"=COUNTIF(C6:C59,"<100")",统计任课总学时小于 100 的人数,在 C2、D2 和 E2 中分别键入以下公式:

=COUNTIF(C6:C59,"<200")-COUNTIF(C6:C59,"<100")

=COUNTIF(C6:C59,"<300")-COUNTIF(C6:C59,"<200")

=COUNTIF(C6:C59,">=300")

完成对应课时段人数的自动统计。

(3)在 B3 单元格中键入公式"=B2/SUM($B2:$E2)",然后利用填充柄填充公式至 E3,完成不同课时段人数所占比例的计算。

(4)设置单元格格式,使其比例显示为百分比且保留小数点后面 2 位的形式,统计效果如图 4.44 所示。

	总课时<100	100<=总课时<200	200<=总课时<300	总课时>=300
人数	11	19	19	4
比例	20.75%	35.85%	35.85%	7.55%

行标签	计数项:课程名	求和项:最后总学时	超课时(大于200学时)
陈飞	3	207.6	7.6
陈某	4	344	144

图 4.44 不同课时段的教师人数及比例计算结果

5. 生成不同课时段人数所占比例情况柱状图

(1)选择 B1:E1 以及 B3:E3 区域,选择"插入"→"图表"组,单击"柱形图"按钮,选择"二维簇状柱形图",生成对应的图表。

(2)为图表添加标题,并选择"图表工具"→"布局"→"标签"组→"数据标签",居中显示数据标签,如图 4.45 所示。

6. 计算教师总学时中的最高学时、最低学时和平均学时

在数据透视表所在工作表的最后,利用常用函数计算出所有超课时总数,教师总学时中的最高学时、最低学时和平均学时,如图 4.46 所示。

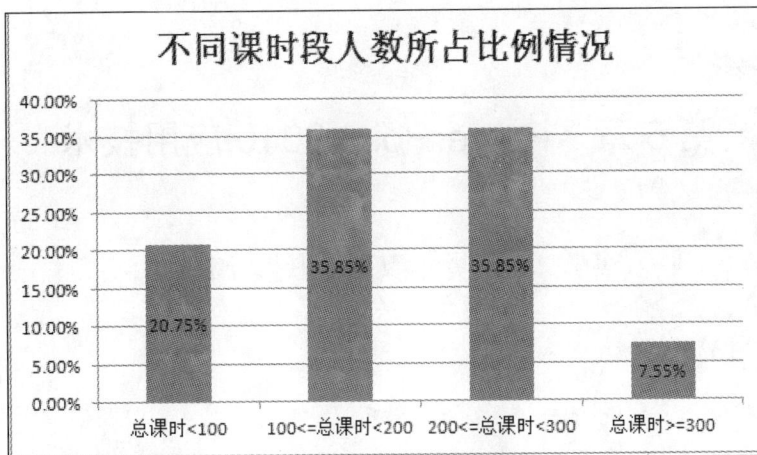

图 4.45   比例情况柱状图

图 4.46   计算相应学时数

四、思考与练习

(1)在计算不同课时段人数所占比例时使用的公式"=B2/SUM($B2:$E2)"中为什么要使用混合地址引用?

(2)使用"分类汇总"和"数据透视表"对数据进行统计有何区别?

第 5 章　PowerPoint 2010 应用技术

实验一　演示文稿创建与编辑

一、实验目的

(1)掌握创建演示文稿的方法。
(2)掌握设计幻灯片母版的方法。
(3)掌握幻灯片文本的录入、编辑及格式设置方法。
(4)掌握幻灯片多媒体的插入、编辑及格式设置方法。
(5)掌握动画和切换的设置方法。

二、实验内容

(1)设计幻灯片母版。
(2)幻灯片的编辑。

三、实验步骤

先下载 7 张关于食品的图片文件，建议用作背景的图片分辨率为 1024×768。

1. 设计幻灯片母版

(1)启动 PowerPoint 2010，单击"文件"→"新建"→"空白演示文稿"→"创建"。
说明：在联网状态下，还可使用 office.com 上更多模板创建演示文稿。
(2)单击"视图"→"母版视图"→"幻灯片母版"，并在左侧列表中单击选中第 1 张幻灯片。
(3)单击"幻灯片母版"→"编辑主题"→"颜色"，选择"顶峰"选项，如图 5.1 所示。

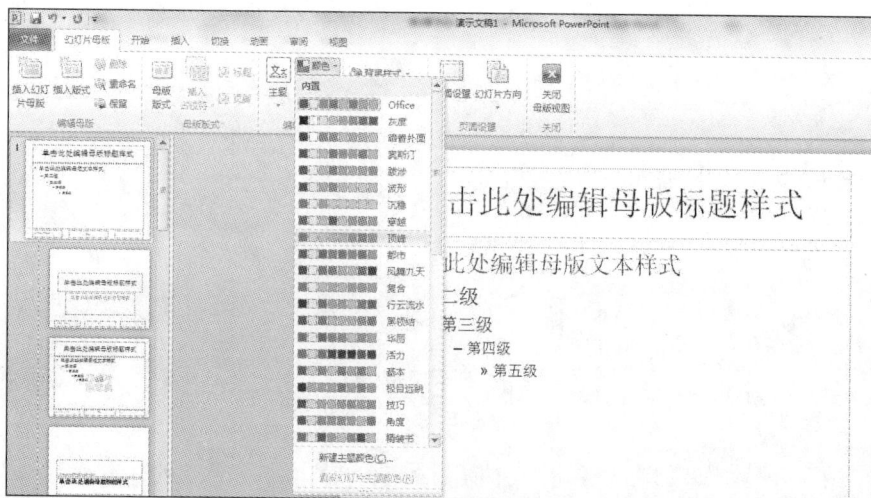

图 5.1　设置幻灯片母版主题颜色

(4)单击"幻灯片母版"→"背景"组右侧的 █ 按钮，在"设置背景格式"对话框里设置："填充"为"渐变填充"样式，"预设颜色"为"茵茵绿原"，"类型"为"射线"，"方向"为"中心辐射"，单击"关闭"按钮，母版中所有的幻灯片即可应用此背景样式，如图5.2所示。

(5)绘制一个矩形框，放置在标题处，宽度和幻灯片的宽度一致，高度和标题文本框的高度一致，并设置"形状填充"的"主题颜色"为"橄榄色，文字3，淡色80%"，设置"形状轮廓"为"无轮廓"。然后用右键单击标题文本框的边框，在快捷菜单里选中"置于顶层"，再调整标题文本框的大小和位置，设置文本框内的字体为"微软雅黑，32"。

(6)单击"插入"→"图像"→"图片"，在矩形框内插入事先准备的3张图片，可裁剪、调整图片大小以适合矩形框、调整图片排列位置，完成后如图5.3所示。

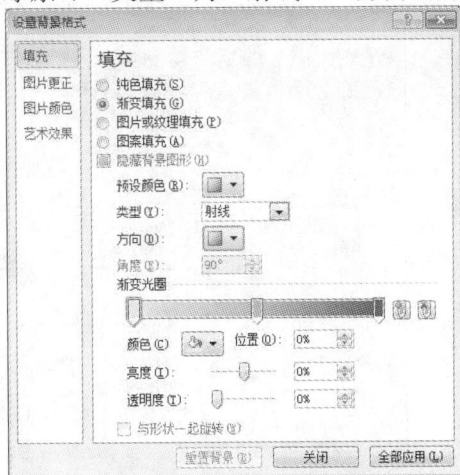

图5.2　设置母版背景格式填充

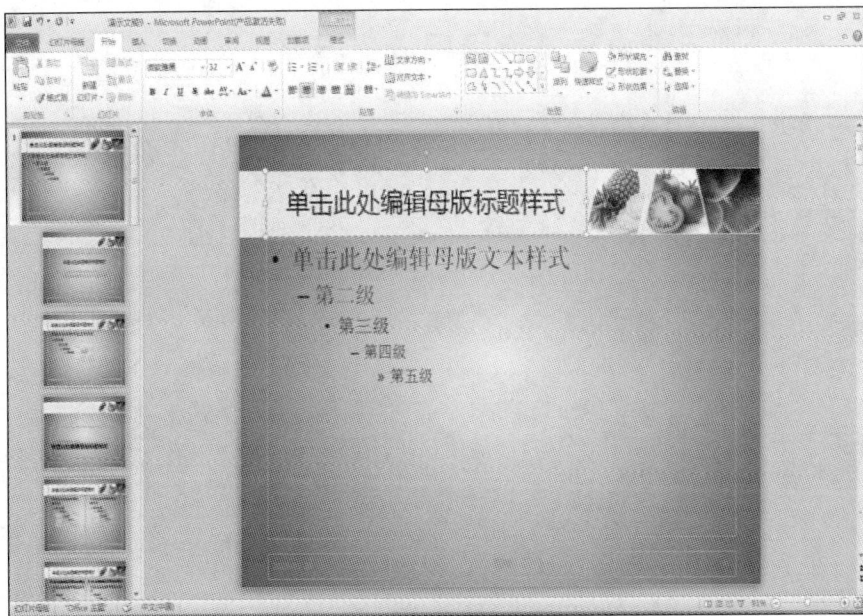

图5.3　设置母版背景图片

(7)单击"视图"→"母版视图"→"幻灯片母版"，在左侧列表中选择第2张幻灯片(标题幻灯片)，选中"背景"组中的"隐藏背景图形"，去掉母版中插入的图形、图片。

(8)单击"背景样式"→"设置背景格式"，设置填充为"图片或纹理填充"，并单击"文件"，插入事先准备的背景图片文件，再单击"关闭"按钮，插入的图片就会作为标题幻灯片的背景，如图5.4所示。

(9)单击"插入"→"图像"→"图片"，再次插入用作标题幻灯片的背景图片，选中插入的图片，单击"图片工具/格式"→"大小"→"裁剪"，将图片裁剪至合适大小，如图5.5所示。

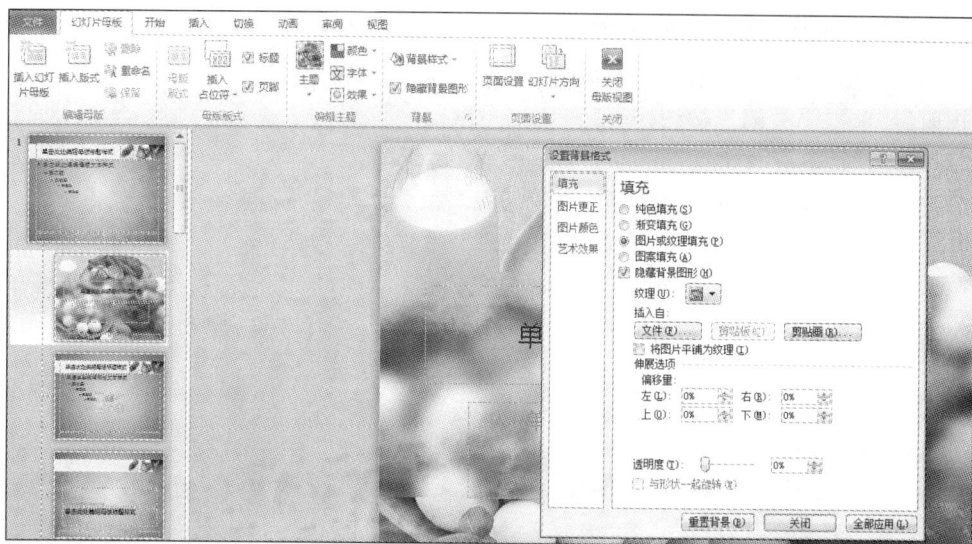

图 5.4 设置标题幻灯片背景

图 5.5 标题幻灯片图片裁剪

(10)选中裁剪后的图片,单击"调整"→"艺术效果",选择"虚化",设置"辐射"为25,如图 5.6 所示。

(11)单击"幻灯片母版"→"关闭母版视图"按钮,再单击🖫按钮,在"另存为"对话框里,将演示文稿取名为"食品营养报告",保存至 D:\。

2. 编辑幻灯片

(1)在幻灯片上输入标题"食品与营养"和副标题"——中国食品营养调查报告",并设置字体、颜色、字号和艺术字样式,最终效果如图 5.7 所示。

图 5.6　标题幻灯片图片虚化

图 5.7　设置标题幻灯片

(2) 单击"新建幻灯片"，插入第 2 张幻灯片，在标题文本框中输入"食品来源与分类"，并删除下方的内容文本框，如图 5.8 所示。

(3) 在幻灯片上绘制一个椭圆，设置合适的形状填充，在椭圆上方再绘制一个椭圆，设置形状效果为"棱台"，选择合适颜色，并设置三维格式，如图 5.9 所示。

(4) 调整两个椭圆至合适位置，完成效果如图 5.10 所示。

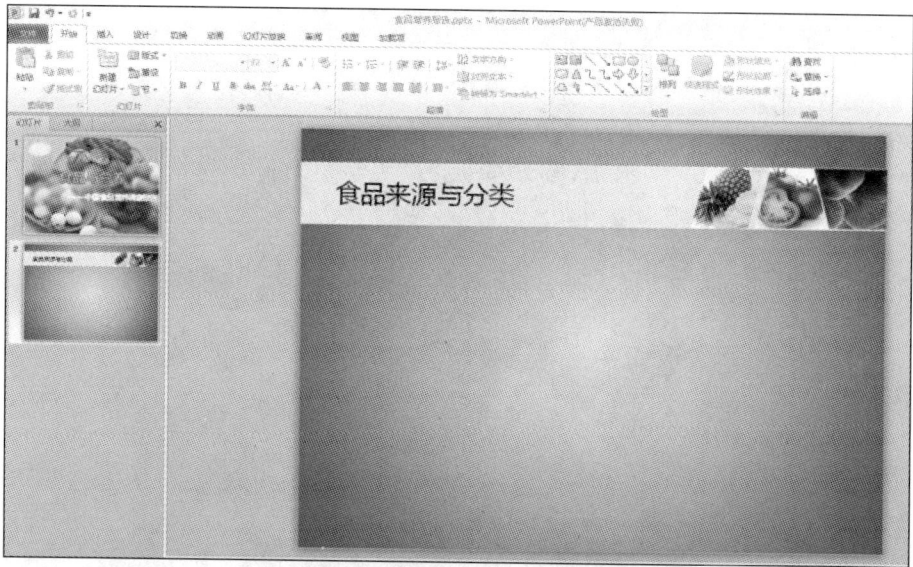

图 5.8　插入第 2 张幻灯片

图 5.9　设置椭圆三维格式

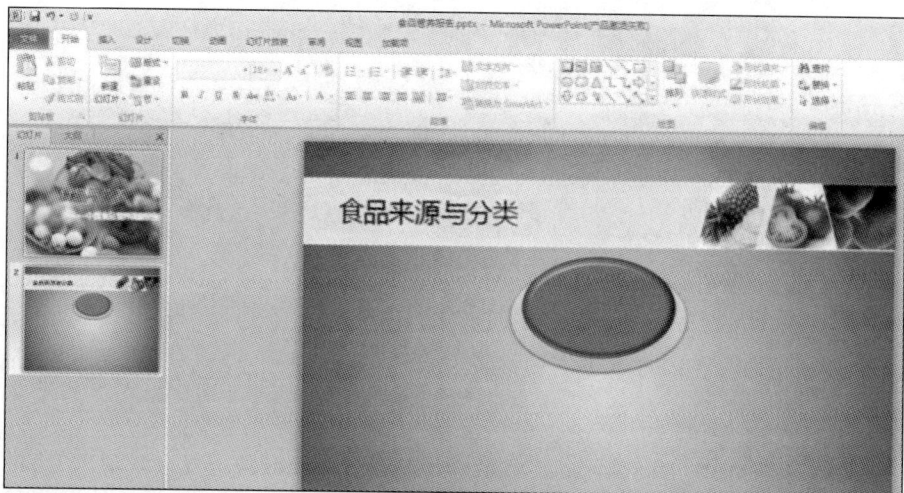

图 5.10　设置椭圆完成

(5)在棱台椭圆内输入文字"食品分类",然后在幻灯片上绘制 3 个圆角矩形,调整至合适大小,并分别设置形状样式为"细微效果—蓝色、橄榄色、橙色"。右击形状,选择"编辑文字",输入相应的文字内容:"动物性食品"、"植物性食品"、"各类食品的制品"。再插入事先准备的 3 张图片,分别放至圆角矩形的上面,调整大小和位置,效果如图 5.11 所示。

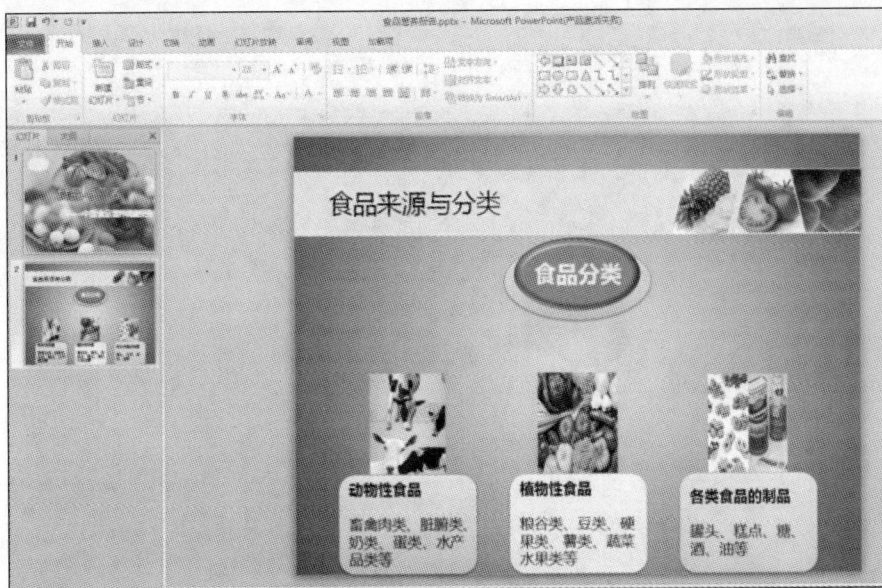

图 5.11　插入图片

(6)绘制一个左向箭头,并填充为蓝色渐变色,右击形状,选择"编辑顶点",再选择右下角的黑点并单击,在快捷菜单中选择"删除顶点",如图 5.12 所示。

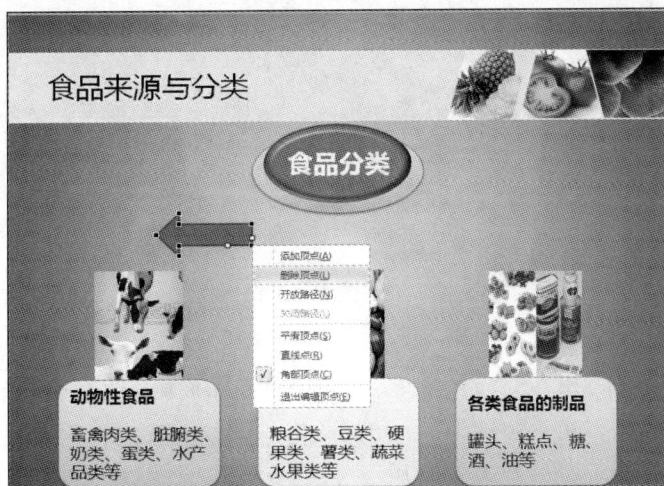

图 5.12　左箭头删除顶点

(7)调整箭头处和尾部的顶点,使其有弧度,如图 5.13 所示。

(8)复制左向箭头,并单击"旋转"→"水平翻转",将其变成一个右向箭头,如图 5.14 所示。将右向箭头填充为橙色渐变色,调整位置到右边,再在中间绘制一个向下箭头,填充为橄榄色渐变色。

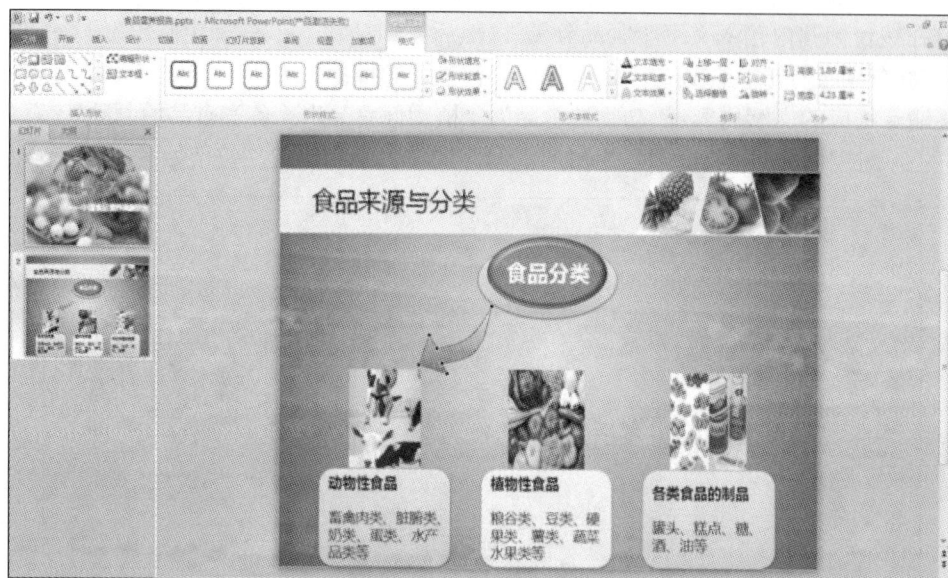

图 5.13　调整左向箭头

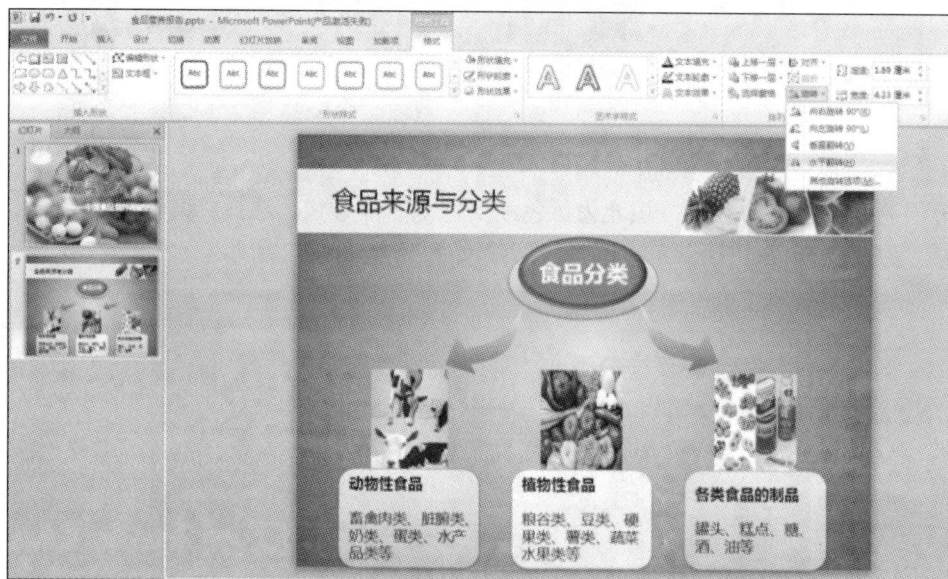

图 5.14　左箭头水平翻转

(9)再分别将两个椭圆组合，3 个箭头组合，3 个圆角矩形和 3 张图片组合，如图 5.15 所示。

(10)选中 3 个组合，单击"动画"→"擦除"，再单击"效果选项"→"自顶部"，并在"计时"组中设置：开始为"上一动画之后"，持续 1.5 秒，延迟 0.5 秒，如图 5.16 所示。

(11)单击"新建幻灯片"，插入第 3 张幻灯片，在标题文本框和内容文本框中输入如图 5.17 所示的文字，并设置字体、颜色、字号等。

(12)设置"种类+含量"应用"劈裂"动画效果，效果选项为"左右向中央收缩"；为"越接近人体所需"应用"浮入"动画效果，效果选项为"向下"；为"营养价值更高"，应用"缩放"，效果为"对象中心"；再单击"添加动画"，选择"强调/跷跷板"。所有动画都设置成：开始为"上一动画之后"，持续 1 秒，如图 5.18 所示。

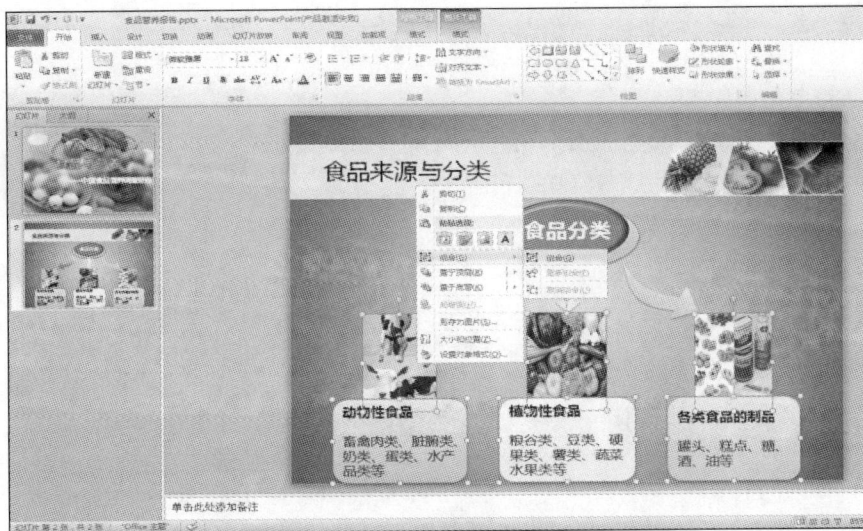

图 5.15　图形组合

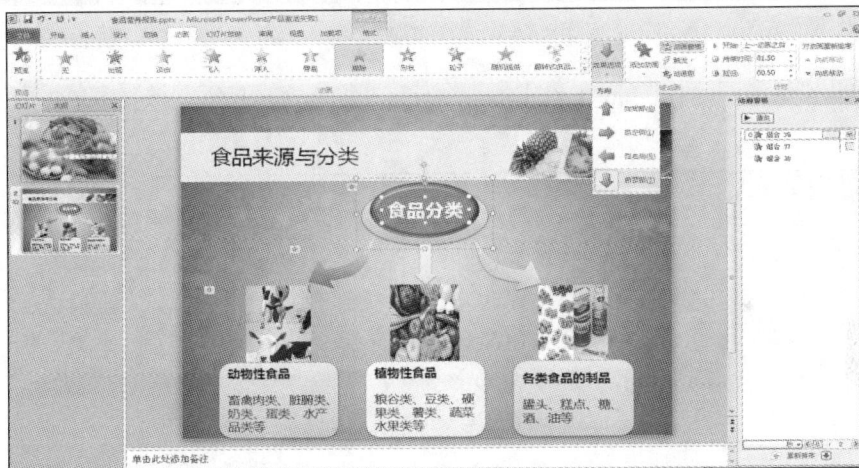

图 5.16　设置第 2 张动画

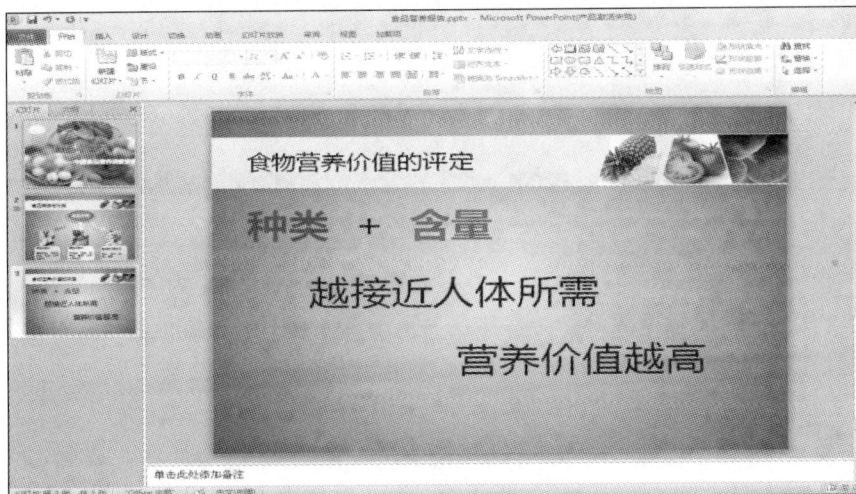

图 5.17　新建第 3 张幻灯片

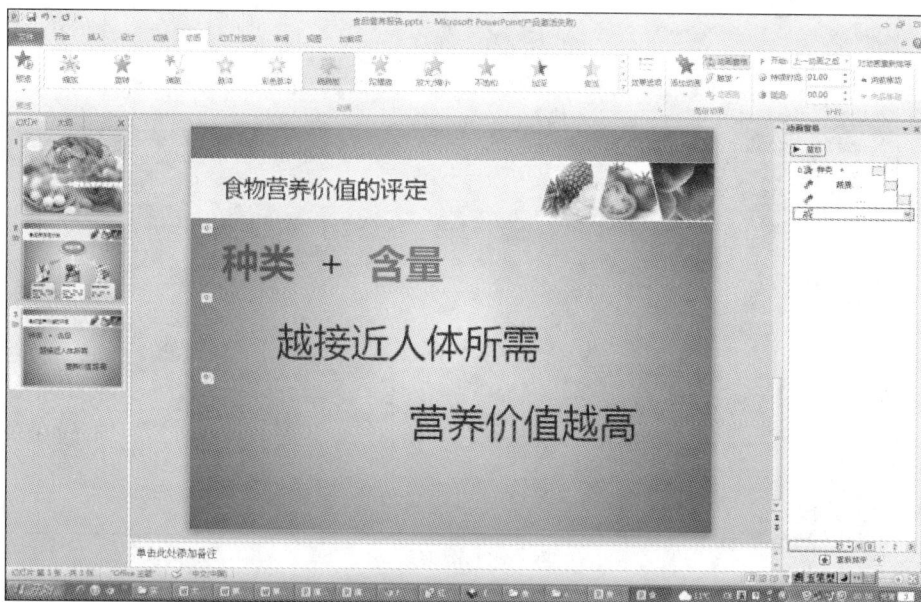

图 5.18　设置第 3 张动画

(13)单击"新建幻灯片",插入第 4 张幻灯片,并输入文字内容,设置字体、字号、颜色,如图 5.19 所示。

图 5.19　新建第 4 张幻灯片

(14)添加两个文本框和一条直线,并输入如图 5.20 所示的文字内容。

(15)为"食物营养质量指数"和"="应用"淡出"动画,为横线和上下的文本框应用"擦除"动画,效果选项为"自左侧"。所有动画设置:开始为"上一动画之后",持续 1 秒,延迟 0.25 秒,如图 5.21 所示。

(16)新建一张"仅标题"幻灯片,再单击"插入"→"表格",插入一个 6×8 的表格。选中表格,单击"表格工具/设计",应用一种表格样式,选择第 3、5、7 行,填充底纹为橄榄色,在标题文本框和表格中输入如图 5.22 所示的文字。

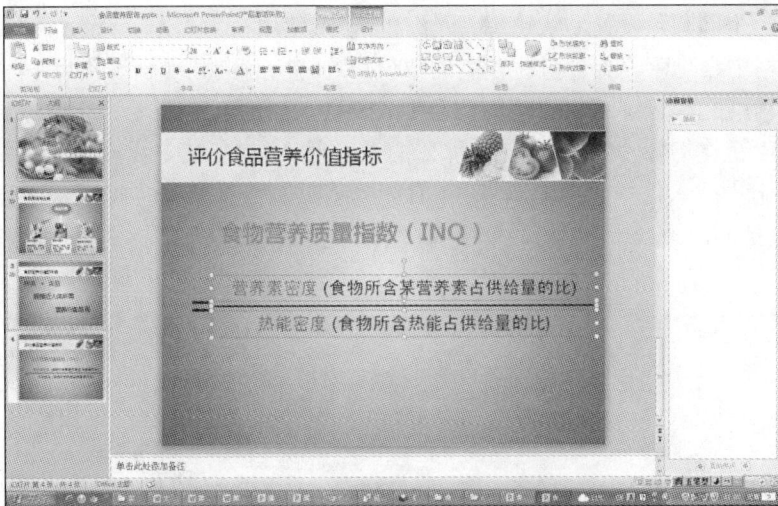

图 5.20　输入第 4 张幻灯片的文字内容

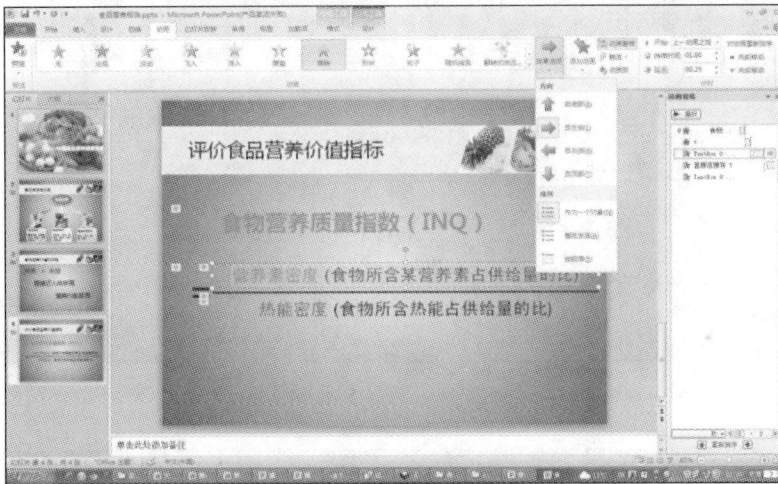

图 5.21　第 4 张动画设置

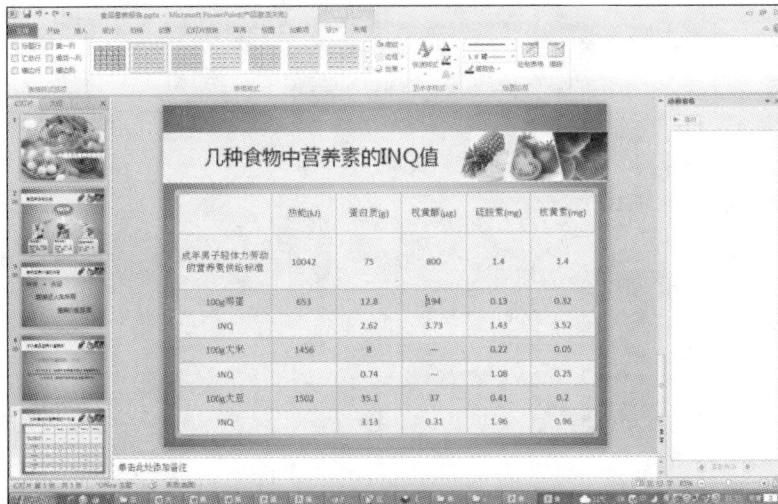

图 5.22　新建第 5 张幻灯片

(17)绘制一个椭圆，设置形状轮廓为"红色"、形状填充为"无填充"，调整至合适大小，用来标注出表格中食物营养素含量比较高的数值。并将所有椭圆动画设置为：擦除，自顶部，开始为"上一动画之后"，持续 0.75 秒，延迟 0.25 秒，如图 5.23 所示。

(18)单击"新建幻灯片"，插入第 6 张幻灯片，输入如图 5.24 所示的文字内容，设置字体、字号，单击"插入"→"剪贴画"，在右侧"剪贴画"窗格的"搜索文字"中输入"苹果"，选中"包括 Office.com 内容"，单击"搜索"（要联网状态），找到合适的剪贴画，插入幻灯片中。

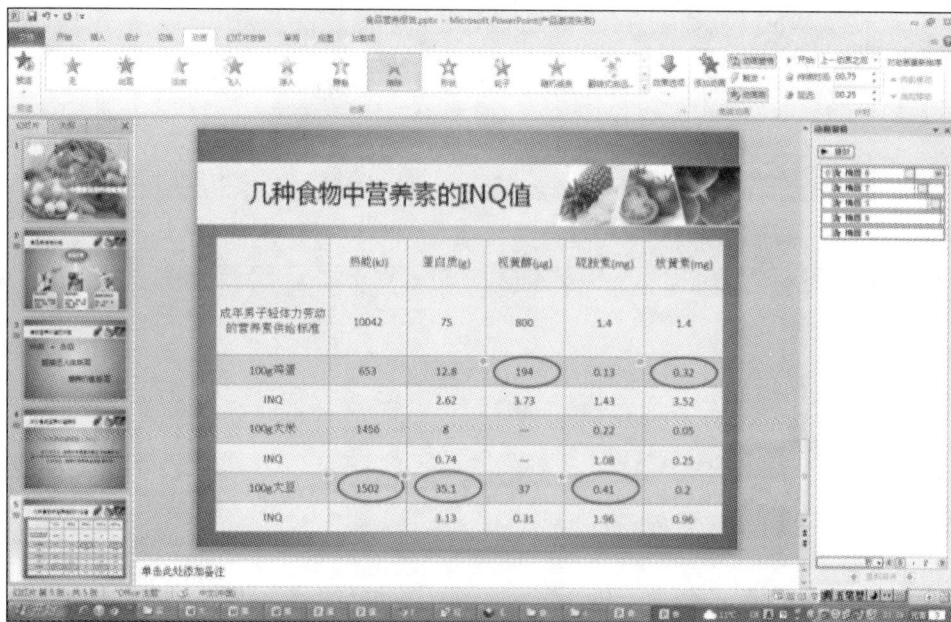

图 5.23　设置第 5 张动画

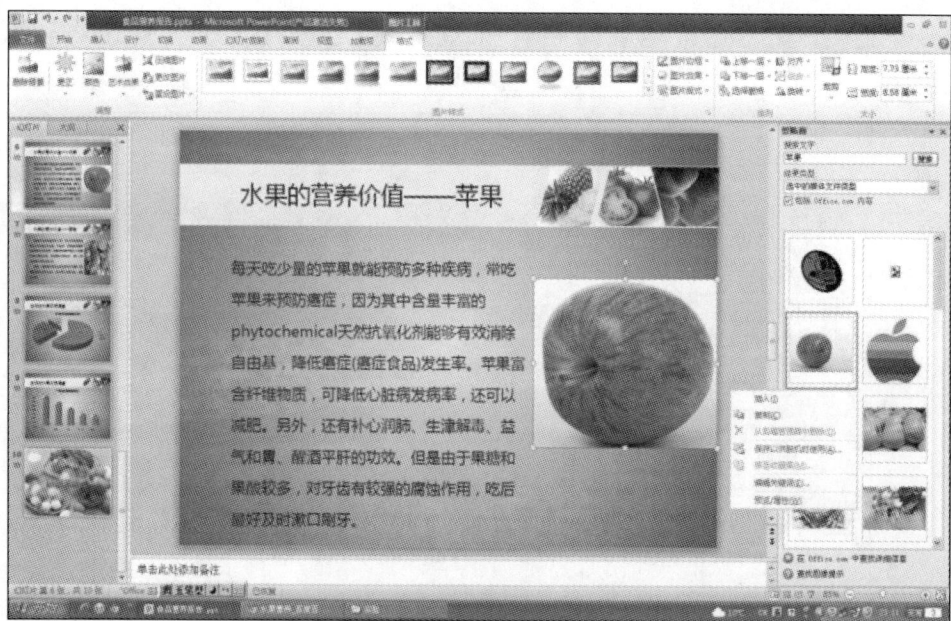

图 5.24　新建第 6 张幻灯片

(19)用上述方法再新建第 7 张幻灯片，如图 5.25。

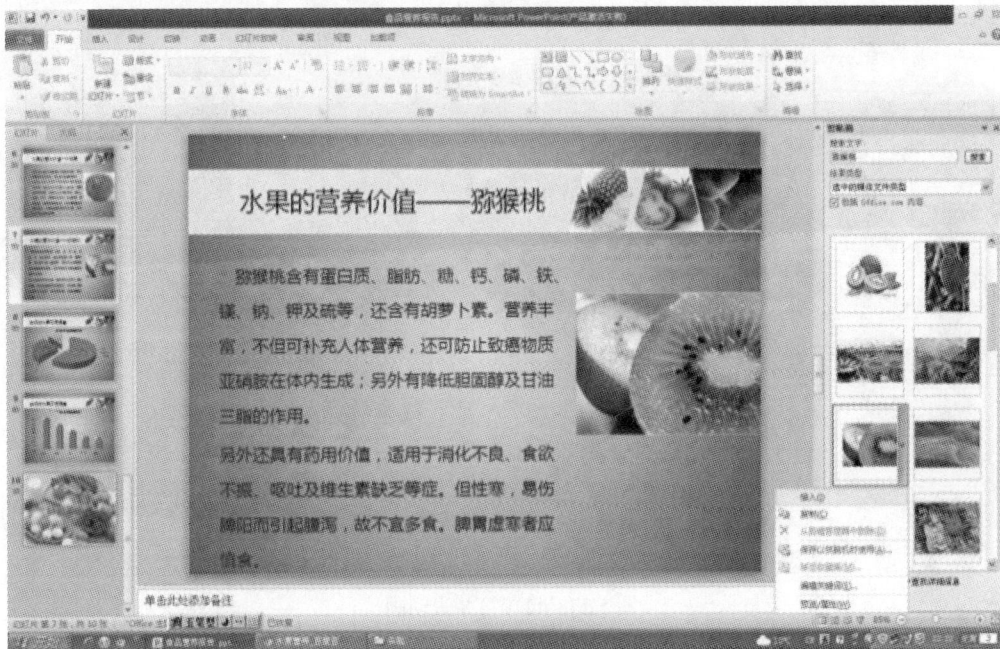

图 5.25　新建第 7 张幻灯片

(20)新建第 8 张幻灯片，标题输入"白领吃水果习惯调查"。单击幻灯片内容文本框中的
"插入图表"按钮 ▓ →"分离型三维饼图"，单击"确定"按钮。在 Excel 中输入内容，并添
加、设置图表数据标签，如图 5.26 所示。

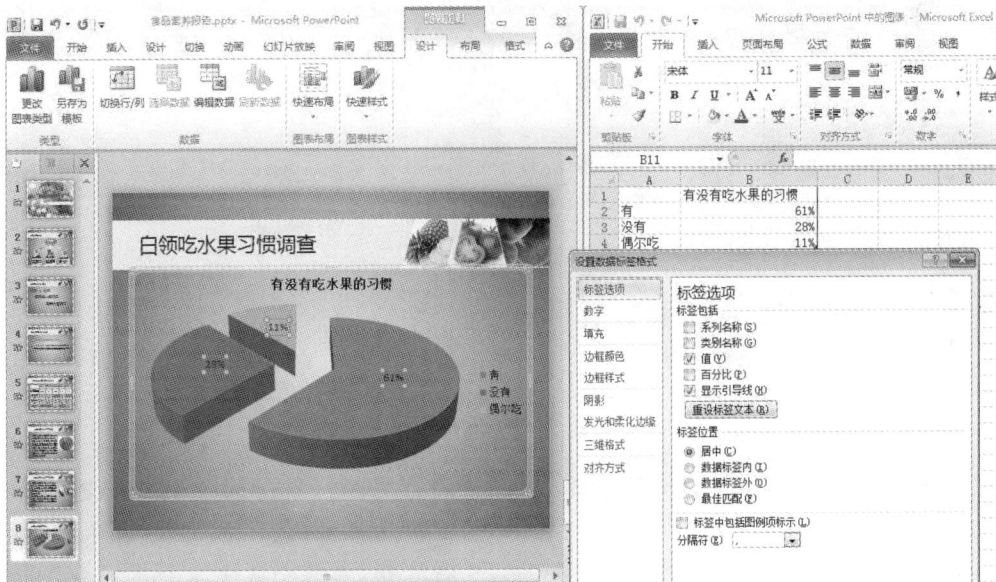

图 5.26　新建第 8 张幻灯片

(21)选中饼图，应用"轮子"动画，设置开始为"上一动画之后"，如图 5.27 所示。

(22)按上述方法新建第 9 张幻灯片，如图 5.28 所示。

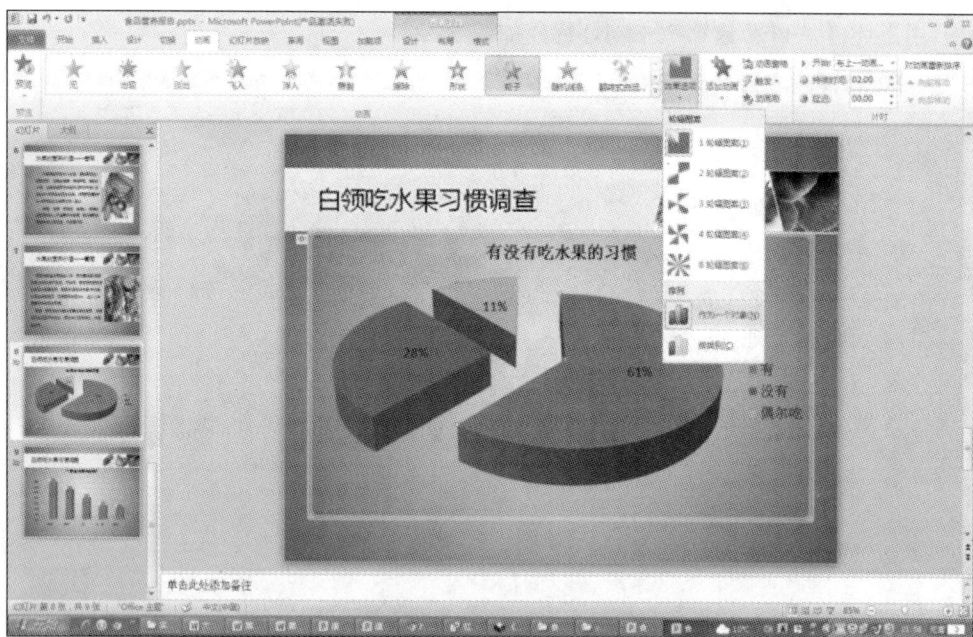

图 5.27 设置第 8 张动画

图 5.28 新建第 9 张幻灯片

(23)选中柱形图，应用"浮入"动画，效果选项为"上浮，按类别"，如图 5.29 所示。

(24)新建一张"标题"幻灯片，输入"感谢关注！"，设置一种艺术字格式，如图 5.30 所示。

(25)在左侧幻灯片窗格单击第 1 张幻灯片，然后单击"新建幻灯片"，标题输入"目录"，并删除下方的内容文本框。单击"插入"→"形状"→"圆角矩形"，在幻灯片中插入一个圆角矩形，设置为：无轮廓、橙色填充。再单击"插入"→"剪贴画"，插入一张红色球形图片，调整至合适大小和位置，在圆角矩形框中输入文字，用复制方法再做出其他 3 个，最后完成如图 5.31 所示。

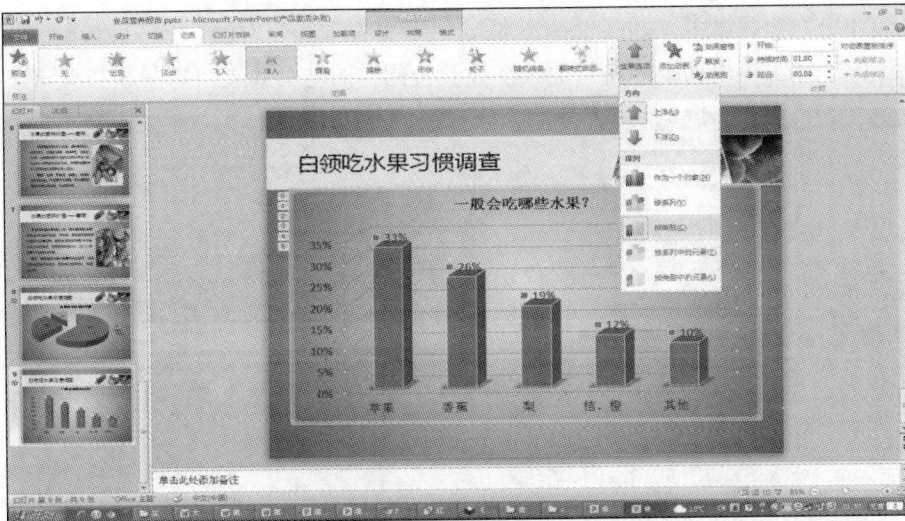
图 5.29　设置第 9 张动画

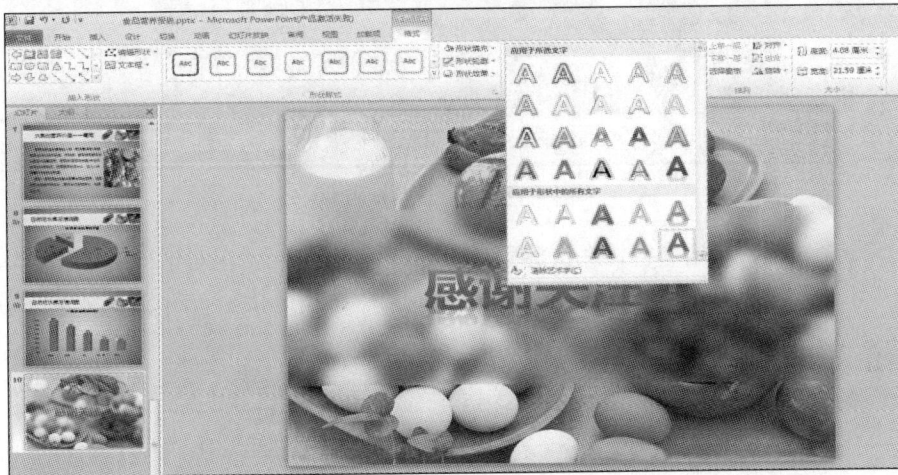
图 5.30　新建第 10 张幻灯片

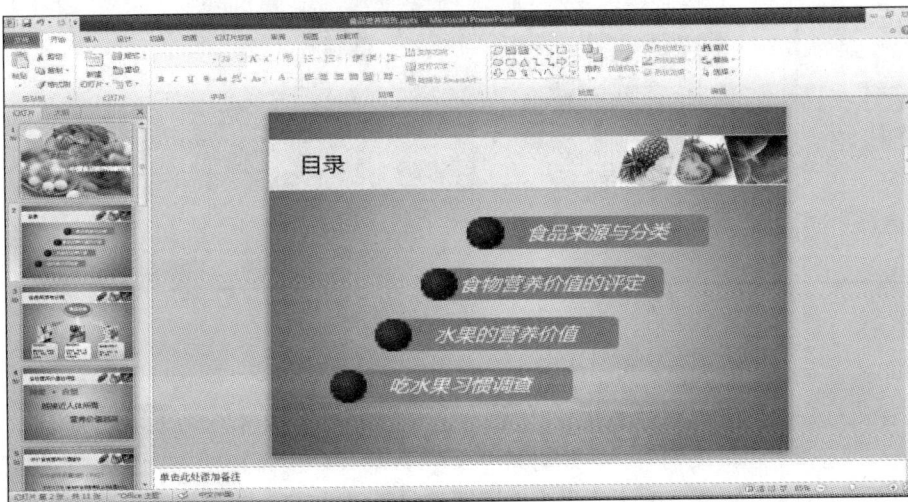
图 5.31　插入目录

选中第 1 个对象，单击"动画"→"飞入"，效果选项为"右侧""上一动画之后"，持续 1 秒，延迟 0.25 秒。再用动画刷将其他 3 个设置为同样的动画效果，如图 5.32 所示。

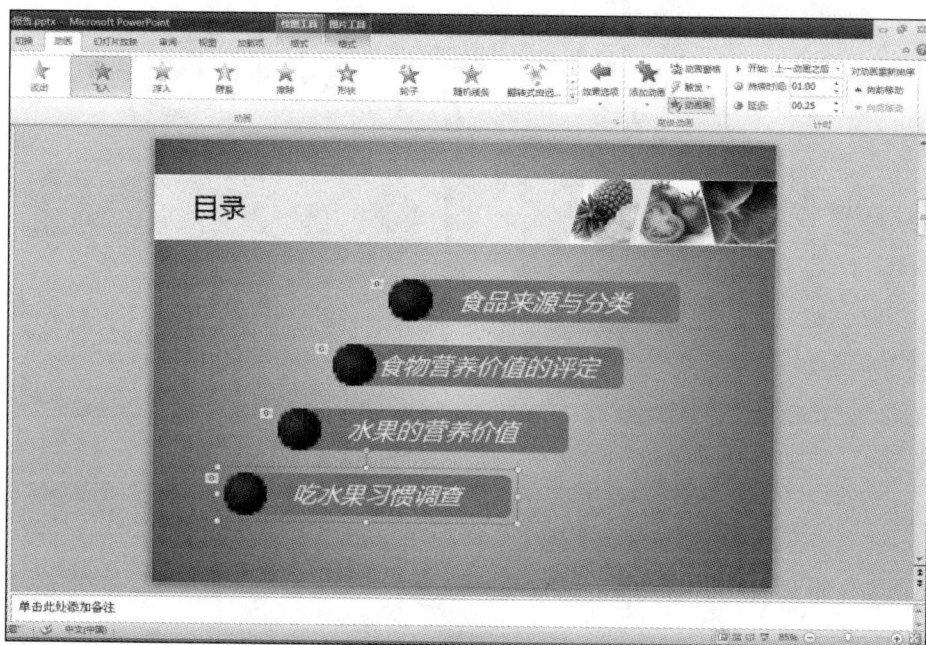

图 5.32　设置目录动画

选中第一个对象，单击右键，在快捷菜单里选择"超链接"，在对话框里单击"本文档中的位置"，单击第 3 张幻灯片，按"确定"按钮完成第一个超链接，如图 5.33 所示。用同样方法分别为其他 3 个创建相应超链接。

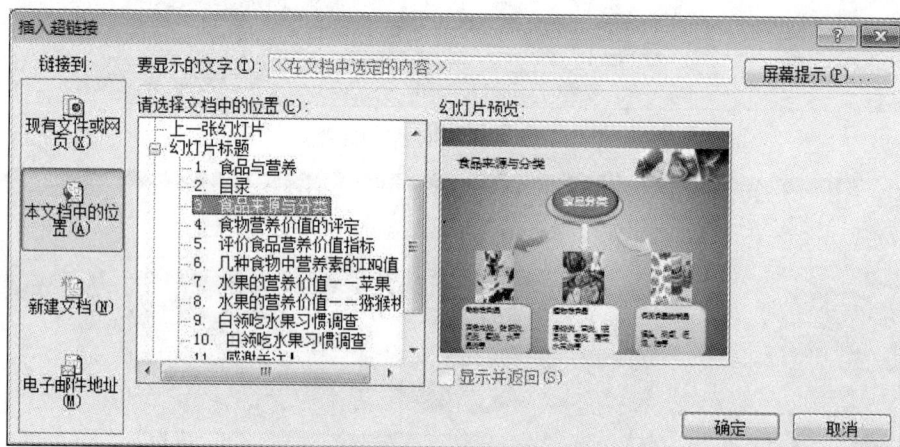

图 5.33　设置目录超链接

(26) 单击左侧幻灯片窗格，单击第 8 张幻灯片→"插入"→"形状"→"动作按钮(第 1 个)"，按住鼠标左键，在幻灯片右上角拖动画出一个动作按钮，松开鼠标后，弹出"动作设置"对话框。选择"超链接到"→"幻灯片"→"目录"，按"确定"按钮返回到幻灯片中。再设置动作按钮的形状样式，编辑文字为"返回目录"，如图 5.34 所示。用同样的方法，可为第 3、6、10 张幻灯片也制作同样的动作按钮。

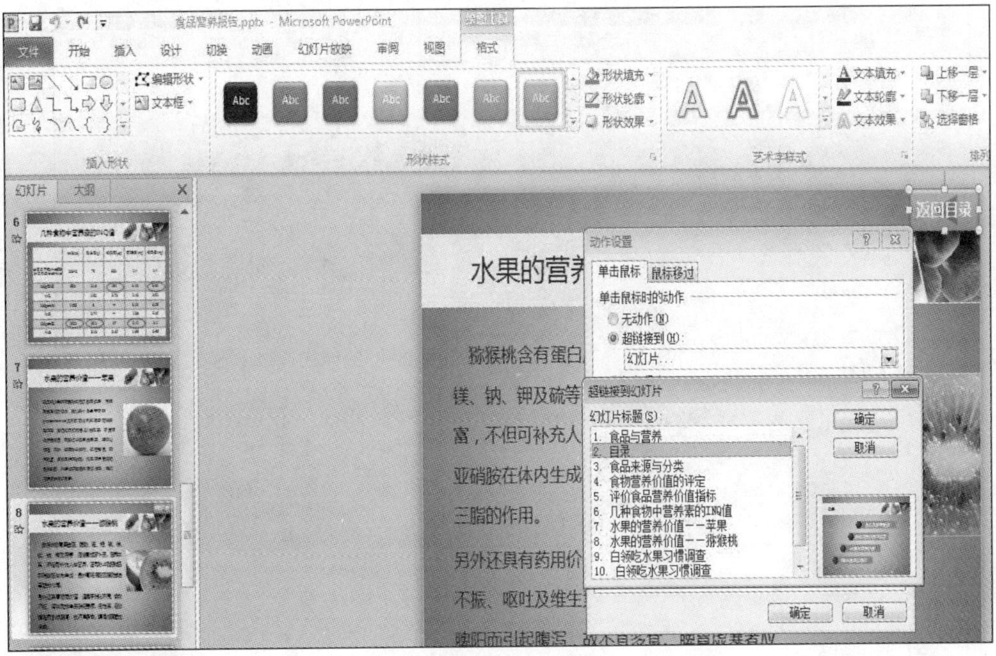

图 5.34　设置动作按钮超链接

(27)单击左侧幻灯片窗格，单击第 1 张幻灯片→"切换"，应用"闪耀"切换效果，并设置自动换片时间为 2 秒，如图 5.35 所示。其他幻灯片的设置方法类似。

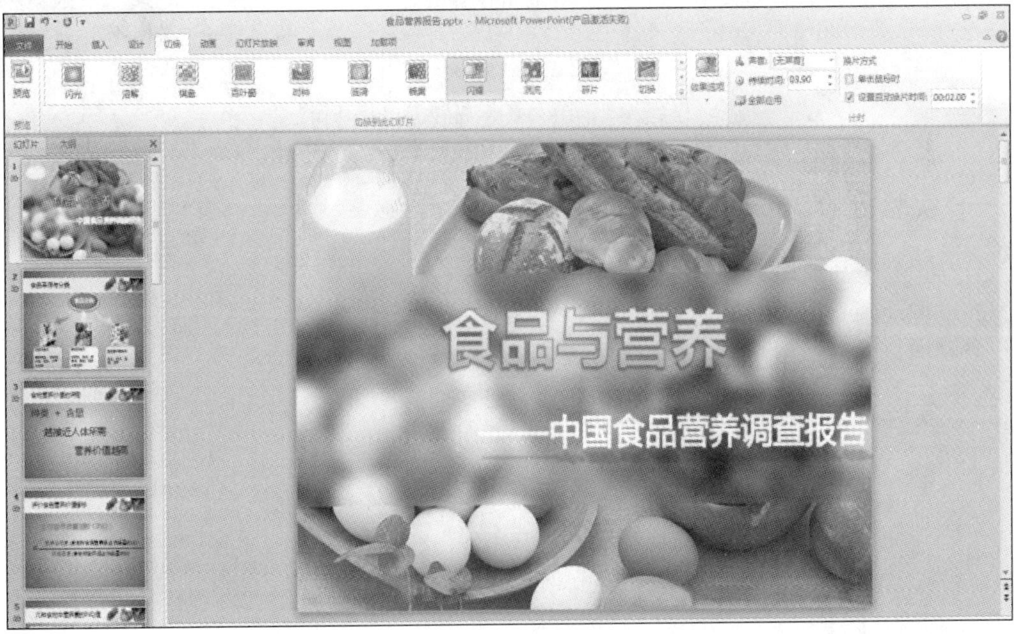

图 5.35　设置幻灯片切换

(28)在左侧幻灯片窗格中单击第 1 张幻灯片→"插入"→"音频"→"文件中的音频"，选择事先下载的音乐文件，单击"插入"，完成音频文件的插入。再单击幻灯片上出现的喇叭图标，选择"音频工具/播放"，设置开始为"跨幻灯片播放"，即可实现插入音乐背景效果，如图 5.36 所示。

图 5.36 插入音乐背景

四、思考与练习

(1)怎样做出如右图所示的字体效果?
(2)怎样快速均匀地对齐幻灯片中的多个图形对象?
(3)怎样调整文本框的边空(文字与边框线的距离)?

实验二 演示文稿动画进阶

一、实验目的

(1)掌握安装和使用新字体的方法。
(2)掌握动画和切换的设置方法。
(3)掌握自定义动作路径的设计方法。

二、实验内容

(1)安装和使用新字体。
(2)幻灯片切换设置。
(3)幻灯片动画的设计。

三、实验步骤

1. 安装和使用新字体

(1)访问"找字"网:http://www.zhaozi.cn。
(2)鼠标悬停至"PC 字体",单击"按类型:甲骨文",打开字体下载页面,单击"下载"按钮,如图 5.37 所示。将字体文件下载到 D 盘根目录(D:\)。

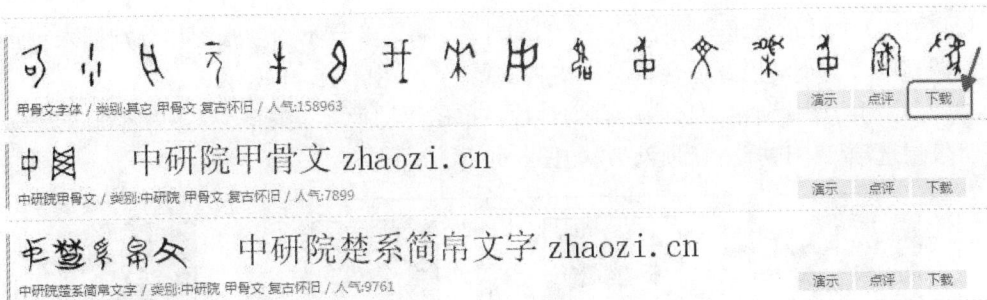

图 5.37　下载新字体

(3)将字体文件复制到 C:\windows\Fonts 文件夹下，即可安装好新字体，如图 5.38 所示。

(4)打开 PowerPoint，在"字体"组中即可使用了，如图 5.39 所示。（说明：不是所有的汉字都有对应的甲骨文字体）

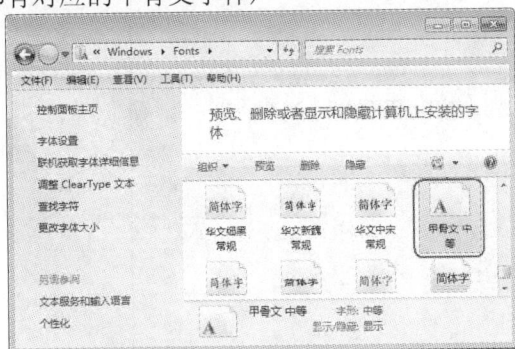

图 5.38　安装新字体

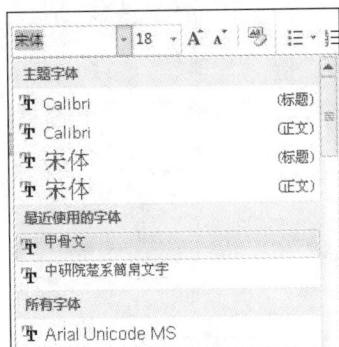

图 5.39　使用新字体

2. 图片滚动切换

(1)新建一个空白演示文稿，单击"视图"→"幻灯片母版"，再单击左侧幻灯片窗格中的第 1 张幻灯片，插入一张电视图片作为固定背景置于幻灯片母版中，如图 5.40 所示。然后单击"关闭母版视图"，回到普通视图中。

图 5.40　设置幻灯片母版背景

(2)使用这个版式新建多张空白版式的幻灯片,将需要显示的多张图片分别插入每张幻灯片上,调整图片大小,恰好适合背景中电视屏幕尺寸,如图5.41所示。

(3)在左侧幻灯片窗格中选中所有幻灯片,单击"切换",选择"动态内容/旋转"效果,并在"效果选项"中选择"自顶部",如图5.42所示。

图5.41　在空白幻灯片中插入图片

图5.42　设置动态切换

(4)再设置自动换片时间为1秒,即设计完成多张图片滚动切换的效果。

3. 文字动画

(1)新建一个空白演示文稿,选择版式为"空白"。插入一个文本框,输入"文字动画效果"(黑体,48)。选中该文本框,单击"动画"→"添加动画"→"进入/飞入",在"效果选项"中选择"自顶部",如图5.43所示。

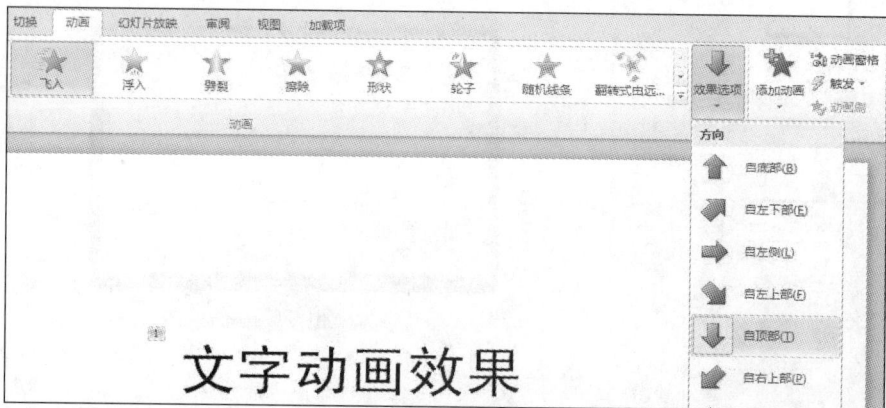

图5.43　设置文字进入动画

(2)继续单击"添加动画"→"强调/脉冲",如图 5.44 所示。

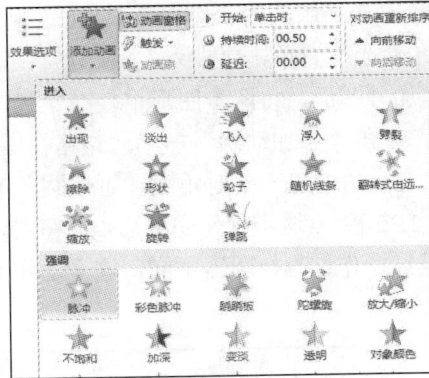

图 5.44　设置文字强调动画

(3)继续单击"添加动画"→"退出/飞出",在"效果选项"中选择"到底部",如图 5.45 所示。

图 5.45　设置文字退出动画

(4)在"动画窗格"面板中同时选中添加的 3 个动作,单击右键,选择"效果选项",在对话框中将效果中的"动画文本"设置为"按字母",然后在下方设置延迟百分比为 1。在"计时"中,将动画开始方式设置为"上一动画之后",持续时间为 1 秒,无延迟,如图 5.46 所示。完成后放映看动画效果。

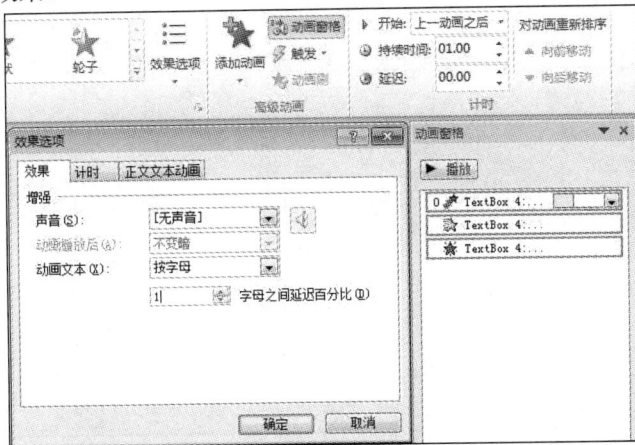

图 5.46　设置效果选项

4. 图片动画

(1)新建一个空白演示文稿，选择版式为"空白"，单击"视图"，勾选"网格线"（便于后面定位用），在幻灯片右下角适当位置单击"插入"→"形状/公式形状：加号"。调整一下格式，再复制一个完全一样的加号图形，将两个图形重叠在一起，如下图 5.47 所示。

(2)选中上面的十字图形，单击"添加动画"→"动作路径/自定义路径"，然后先单击十字图形所在位置作为起点，向左上角绘出一条对角线，再按回车键结束，如图 5.48 所示。动画开始方式为：单击时，持续 2.25 秒。（这步操作完成后，可在"动画窗格"中看到一个动作，此动作对象名为"加号 4"，具体操作过程、顺序不同，这个动作不一定为"加号 4"，后面凡是添加的动作对象名都有类似情况）

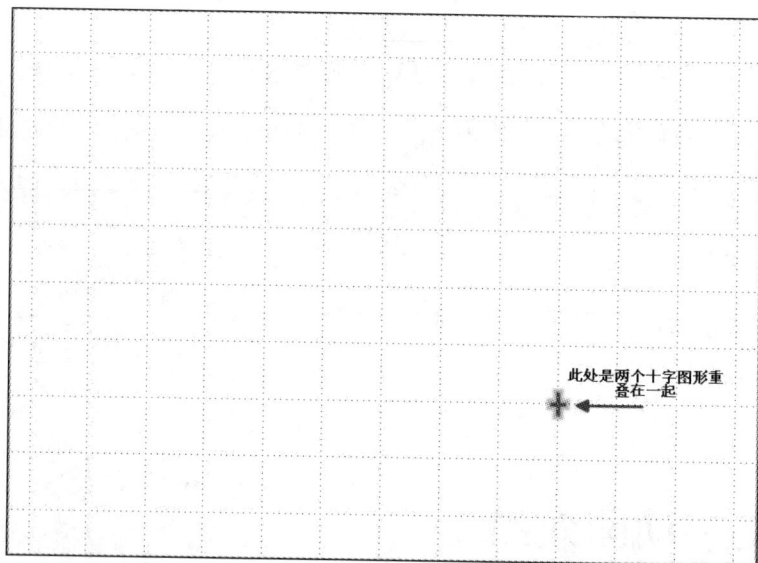

图 5.47　插入两个十字图形

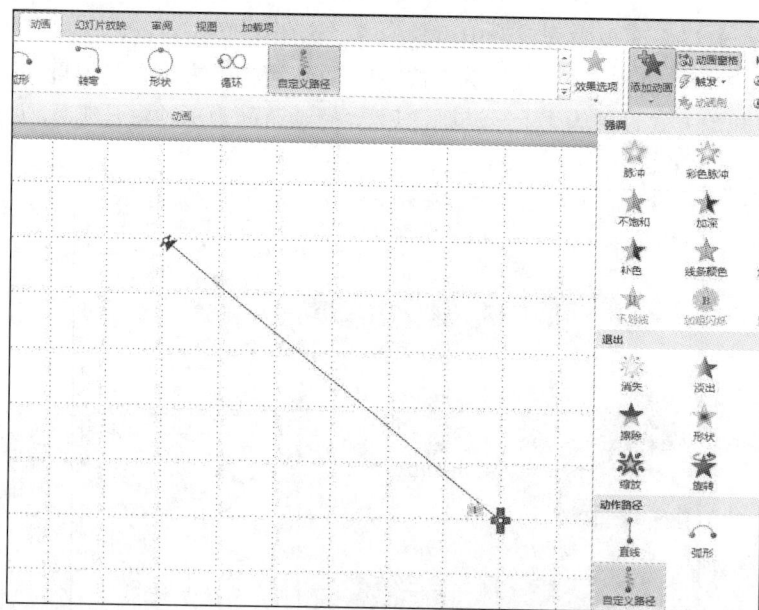

图 5.48　自定义对角线动作路径

(3)插入一张图片，调整大小至对角线所在矩形内，再单击"添加动画"→"更多进入效果"→"盒状"，效果选项为：缩小，形状为：方框，设为"与上一动画同时"，延迟1秒，持续1.5秒(此动作为"图片5")，如图5.49所示。

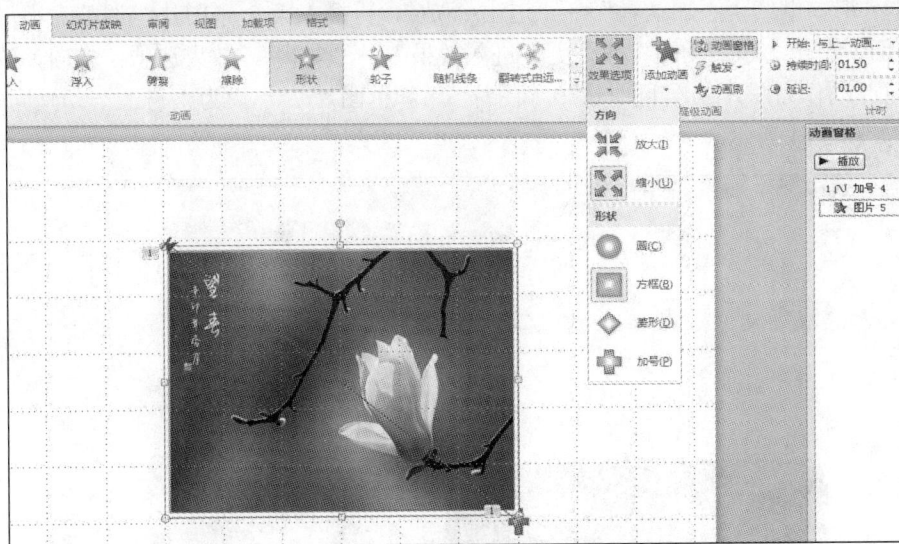

图5.49 设置图片1进入动画

(4)选中"加号4"，继续添加动画，绘制自定义动作路径，从左上角对角线顶点处水平向右至右上角顶点处结束，然后在幻灯片中将"加号4"水平向左移动一点，这时可看到另外一个十字图形(加号3)，选中，添加动画，绘制自定义动作路径，从所在处，水平向左至左下角顶点处结束，将先前移开的"加号4"移回到原处，和"加号3"重叠。在"动画窗格"中，选中"加号4"，设置为"上一动画之后"，选中"加号3"，设为"与上一动画同时"。选中"图片5"，继续"添加动画"→"退出/擦除"，方向为"自左侧"。再插入第2张图片，调整大小，覆盖在第1张图片上面，"添加动画"→"进入/擦除"，方向为"自右侧"(此动作为"图片6")，同时选中"图片5"和"图片6"，设置为"与上一动画同时"，持续2秒，如图5.50所示。

图5.50 设置图片2进入动画

(5)选中"加号 4",继续添加动画,绘制自定义动作路径,从右上角对角线顶点处绘对角线至左下角顶点处结束,设为"上一动画之后",选中"加号 3",继续添加动画,绘制自定义动作路径,从左下角对角线顶点处绘对角线至右上角顶点处结束,设为"与上一动画同时",选中"图片 6",继续"添加动画"→"退出/缩放",再插入第 3 张图片,调整大小,覆盖在第 2 张上面,单击"添加动画"→"更多进入效果"→"盒状",效果选项:方向,放大;形状,方框(此动作为图片 7)。同时选中"图片 6"和"图片 7",设为"与上一动画同时",持续 2 秒,如图 5.51 所示。

图 5.51 设置图片 3 进入动画

(6)选中"加号 4",继续添加动画,绘制自定义动作路径,从左下角对角线顶点处水平向右至右下角顶点处结束,设为"上一动画之后",选中"加号 3",继续添加动画,绘制自定义动作路径,从右上角对角线顶点处水平向左至左上角顶点处结束,设为"与上一动画同时",选中"图片 7",继续"添加动画"→"退出/擦除",方向为"自右侧",再插入第 4 张图片,调整大小,覆盖在第 3 张上面,单击"添加动画"→"进入/擦除",方向为"自左侧"(此动作为"图片 8")。同时选中"图片 7"和"图片 8",设置为"与上一动画同时",持续 2 秒,如图 5.52 所示。

(7)选中"加号 4",继续添加动画,绘制自定义动作路径,从右下角顶点处竖直向上至中点处结束,设为"上一动画之后",选中"加号 3",继续添加动画,绘制自定义动作路径,从左上角顶点处竖直向下至中点处结束,设为"与上一动画同时",选中"图片 8",继续"添加动画"→"退出/劈裂",效果选项为:上下向中央收缩。选中"加号 4",继续添加动画→"退出/消失",设为"与上一动画同时",选中"加号 3",设置与"加号 4"同样的动画,如图 5.53 所示。

(8)还可为幻灯片加上合适的背景图片和音乐。注意,插入音乐后,要将音乐的动画顺序调至最前面。

图 5.52　设置图片 4 进入动画

图 5.53　设置图片 4 退出动画

四、思考与练习

怎样将笔画简单的汉字如"王",设计成按书写顺序显示的动画效果?

实验三　演示文稿综合设计

一、实验目的

综合运用 PowerPoint 各种操作,制作演示文稿。

二、实验内容

(1)原创一个演示文稿文件，主题为个人简历，或介绍自己的家乡(或其他)。

(2)具有较好创意，要求有文字、图片、动画、音乐背景等，能充分展示主题内容。按下列要求创建不少于 8 张幻灯片的演示文稿。

(3)原创母版设计，背景格式、主题方案等。

(4)在第一张幻灯片上建立演示文稿的标题，第二张做目录或内容提要。在后面的幻灯片中对相应主题内容进行介绍，根据需要插入各种对象(文本框、图片、表格、图表、项目符号、自选图形、艺术字、SmartArt 图形等)。

(5)通过第二张幻灯片与后面的各张幻灯片建立链接关系(文本、图片、动作按钮的超级链接)。

(6)在第一张幻灯片中插入一个声音文件，播放时可通过单击播放音乐。

(7)将幻灯片内的对象设置为不同的动画效果。

(8)每个幻灯片之间设置为不同的切换方式。

(9)将演示文稿设置为循环放映方式。

第 6 章　计算机网络应用基础

实验一　基本网络操作

一、实验目的

(1) 掌握 IP 协议相关数据的查看方法。

(2) 掌握网络测试命令 ping 的基本使用。

(3) 清楚局域网资源共享的方法和步骤。

(4) 清楚远程桌面连接的方法和步骤。

二、实验内容

(1) 查看和记录 IP 协议中的 IP 地址、子网掩码、网关、DNS、数据包收发数量和网络连接时间。

(2) 使用 ping 命令测试网络主机、网关和 Internet 主机的连通性，并记录相关数据。

(3) 共享本机资源，允许网络主机可以访问、下载和上传。

(4) 设置远程桌面连接，允许网络主机的远程控制。

三、实验步骤

1. 查看和记录 IP 协议的相关数据

1) 查看网络状态

打开"控制面板"→"网络和 Internet"，出现如图 6.1 所示窗口。

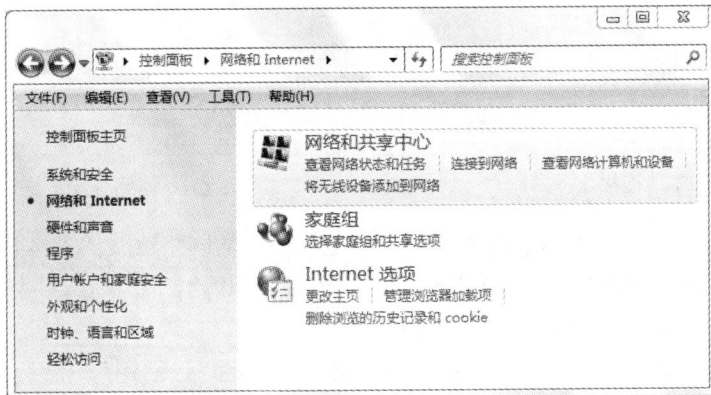

图 6.1　网络和 Internet 窗口

在图 6.1 所示窗口右方，单击"网络和共享中心"中的"查看网络状态和任务"，出现的窗口如图 6.2 所示。

在图 6.2 所示窗口右方，单击"查看活动网络"中的"本地连接"，即可查看当前网络连接的相关参数，打开的新窗口如图 6.3 所示。

如果需要查看或设置其他网络连接，可在图 6.2 所示窗口左方，单击"更改适配器设置"，在新窗口中鼠标右击其他的网络连接，单击选项"属性"即可。

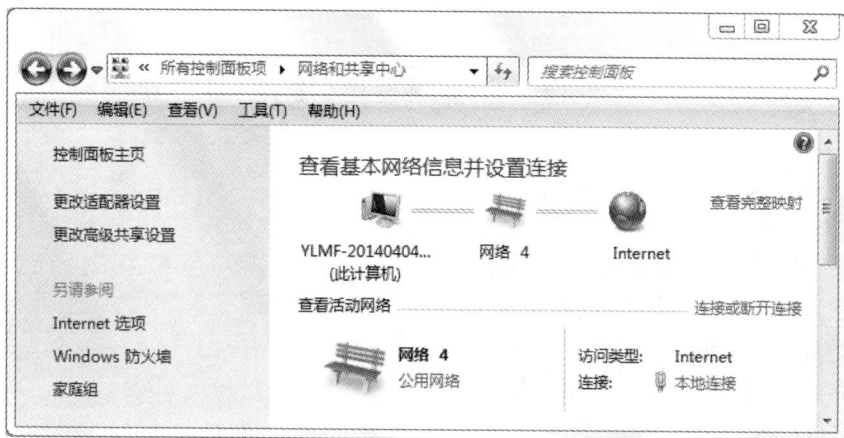

图 6.2　网络和共享中心窗口

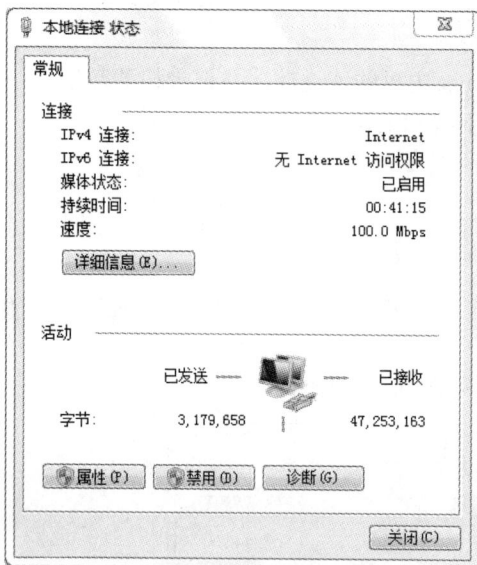

图 6.3　本地连接状态窗口

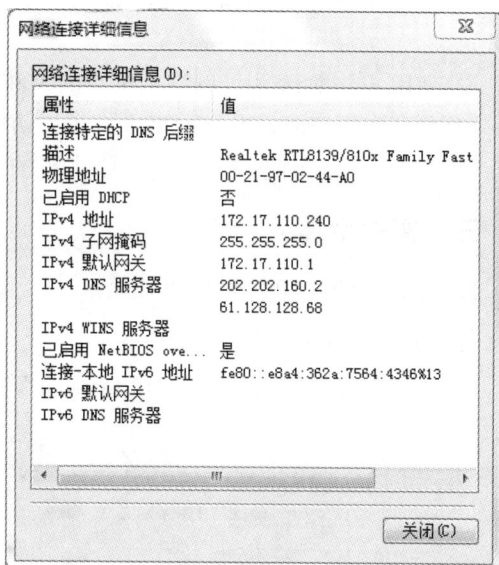

图 6.4　网络连接详细信息窗口

在图 6.3 所示窗口中，显示了当前名为"本地连接"的网络连接的基本状态。

（1）IPv4 和 IPv6 连接：由于当前主流 IP 协议仍然是 IPv4，所以 IPv4 才是关注的重点。窗口中显示 IPv4 可以访问 Internet，但 IPv6 不可以。

（2）媒体状态：指当前网络连接是否启用，窗口中显示"已启用"。

（3）持续时间：指进入 Windows 系统后网络连接的工作时长，当前是 41 分 15 秒。

（4）速度：网络传输速率，当前主流已逐渐从百兆网向千兆网转变。窗口中显示是 100Mbps，即为百兆网。

（5）已发送或已接收的字节：网络连接正常工作时，发送和接收的字节都会明显增长。典型的网络故障中，本机通过网卡向网络发送大量数据，但却没有接收到数据，表明网络出现故障，实质是本机发送的网络数据根本就没有到达目标主机。

2）查看详细的网络连接信息

在图 6.3 所示窗口中，单击"详细信息"按钮，新窗口如图 6.4 所示。

在图 6.4 所示窗口中，可以快速查看当前网络连接所使用的 IP 协议参数。在该窗口中，可以查看的内容如下。

(1) 描述：网卡的型号。

(2) 物理地址：网卡的 MAC 地址，全球唯一。

(3) 已启用 DHCP："否"表示 IP 协议参数全部是手动设置；"是"表示 IP 协议参数是通过网络上 DHCP 服务器动态获取。

(4) IPv4 地址、子网掩码、网关、DNS 服务器：使用 IP 协议访问网络最主要的 4 个参数。

3）查看 IPv4 参数

在图 6.3 所示窗口中单击"属性"按钮，新窗口如图 6.5 所示。

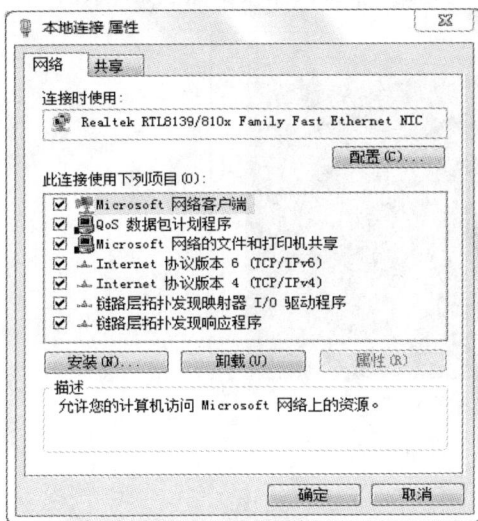

图 6.5　本地连接属性窗口

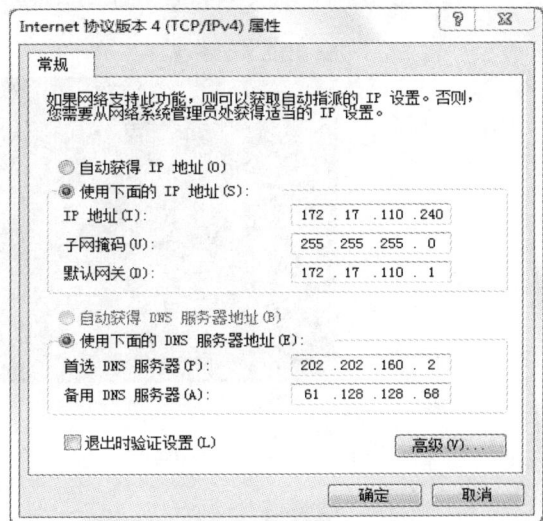

图 6.6　IP 协议参数设置窗口

图 6.5 所示窗口中的项目列表包含了网络访问所需的"客户端""服务"和"协议"，例如，若"Microsoft 网络的文件和打印机共享"没有，则无法在局域网中共享文件夹。在缺少相关对象时，用户可以在该窗口中单击"安装"按钮进行安装。

设置 IP 协议参数时，需要双击窗口中"Internet 协议版本 4（TCP/IPv4）"项目，新窗口如图 6.6 所示。

2．网络测试

1）测试本机网卡是否正常

单击"开始"→"所有程序"→"附件"→"命令提示符"，窗口如图 6.7 所示。

输入命令"ping　127.0.0.1"并按回车键，检测计算机网卡是否工作正常，结果如图 6.8 所示。

在图 6.8 所示窗口中，命令执行后的统计信息表示发送和接收的数据包都为 4 个，没有丢失，且接收数据包的时间非常短，几乎等于 0 毫秒，表明本机网卡工作正常。

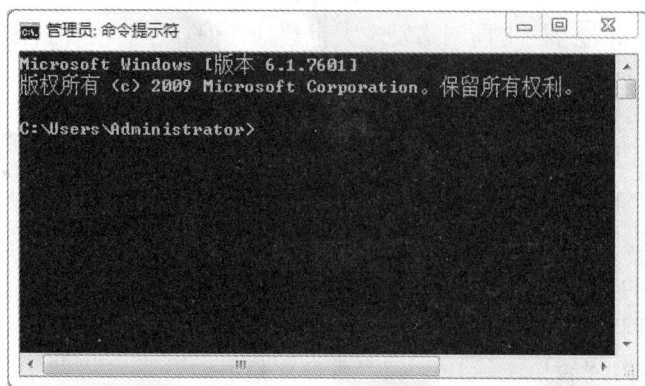

图 6.7　CMD 窗口

2) 检测与其他网络主机的网络连通性

注意在输入命令前，一定要先确认对方主机的 IP 地址。如确认对方主机 IP 地址为 172.17.110.242，则输入命令"ping　172.17.110.242"并按回车键，结果如图 6.9 所示。

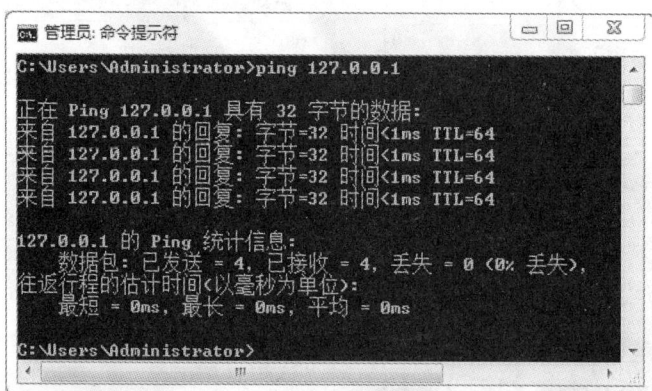

图 6.8　ping 命令测试本机网卡

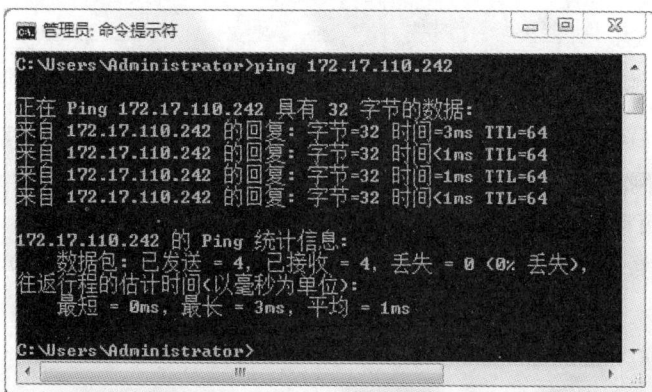

图 6.9　ping 命令测试网络主机

由于在网络中传输数据需要消耗时间，所以此处时间不再显示为 0 毫秒。数据包发送 4 个并接收到 4 个，说明网络正常。

如果网络主机的 IP 地址不正确，则数据包虽然有发送和接收，但是却显示"无法访问目标主机"，如图 6.10 所示。此处的 IP 地址虽然是同一网络，但实质上未分配给主机。

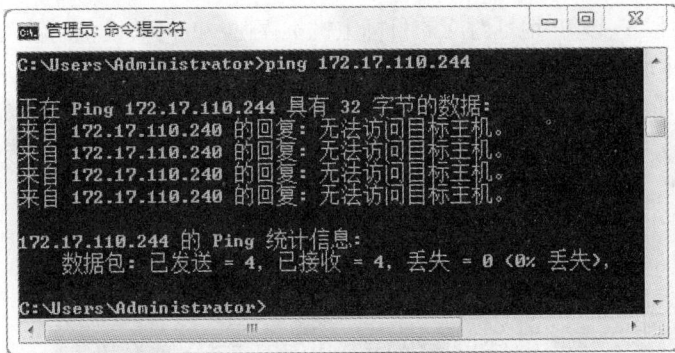

图 6.10　ping 命令测试 IP 地址不正确的网络主机

3) 测试网关

当需要访问其他网络时，数据包的转发需要网关的协助，所以在不能访问其他网络时，首先应该确认网关是否正常。

首先确认网关的 IP 地址，然后使用 ping 命令检测本机与网关设备的网络连通性，结果如图 6.11 所示。此处网关的 IP 地址为 172.17.110.1，且网络连通性正常。

随意选择一个其他网络的 IP 地址，ping 命令的检测结果如图 6.12 所示。

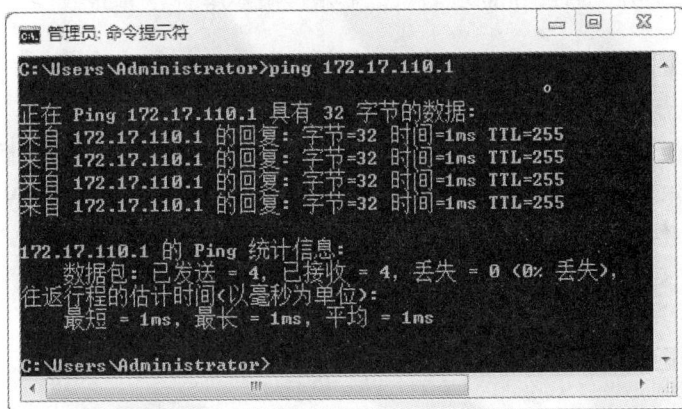

图 6.11　ping 命令测试网关

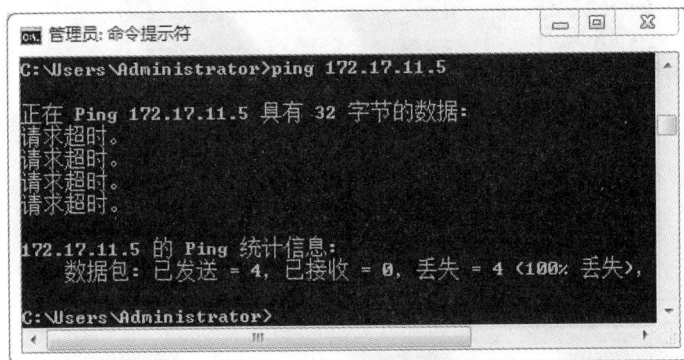

图 6.12　ping 命令测试其他网络的主机

可以看到数据包只有发送没有接收。产生此故障的原因如下。

(1) ping 不通网关：网关设备出现故障，或本机与网关之间的网络传输介质出现故障。

（2）能 ping 通网关：该 IP 地址对应的目标主机不存在，或网关设备的转发策略未正确配置。

4）测试 Internet 域名

为了检测是否可以正常访问 Internet，可以对指定域名使用 ping 命令。如检测百度服务器是否正常工作，输入 "ping www.baidu.com"，结果如图 6.13 所示。

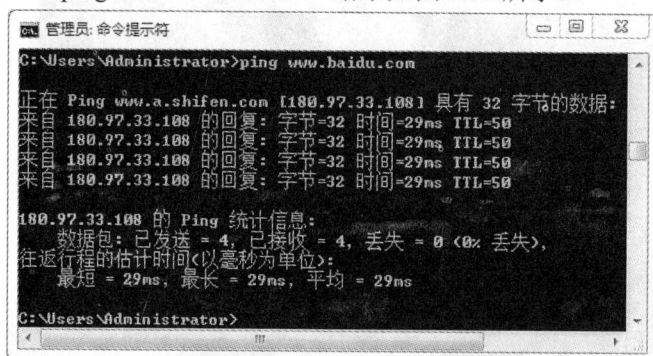

图 6.13　ping 命令测试百度域名

在图 6.13 所示窗口中，可以发现网络传输时间明显增长，这是因为本地主机与百度主机之间的网络传输路径较长。0%的数据包丢失表明百度的 Web 服务器此时工作正常，本机可以正常访问 Internet。另外，通过 ping 域名可以显示该服务器的 IP 地址。

3．网络共享

1）网络共享的方法

当前，普通用户之间共享文件主要是通过 QQ 软件、邮箱或网络存储服务来实现，但是这些方式都需要 Internet 支持。在纯粹的局域网中，主要通过专业软件或 Windows 自带的共享功能实现网络共享。专业软件有常用的 "局域网一键共享" 和 "飞鸽传书"，使用方法和过程在此不赘述。

2）创建访问共享的用户

鼠标右键单击桌面的 "计算机"，选择 "管理"，如图 6.14 所示。

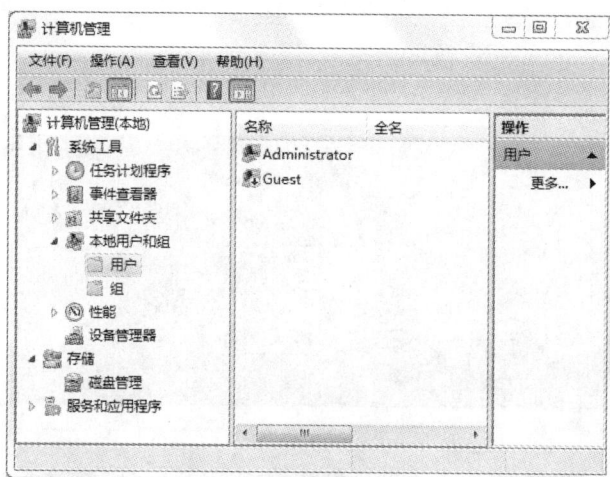

图 6.14　计算机管理窗口

在该窗口左方选择 "系统工具" → "本地用户和组" → "用户"，然后在窗口右方的用户列表空白处右击，选择"新用户"，如图 6.15 所示。创建一个新用户，此处创建用户名称为"x"，密码为"123"，选择"用户不能更密码"和"密码永不过期"复选项。

3) 创建共享

创建一个文件夹准备网络共享，此处文件夹名称为"AA"。右键单击该文件夹，选择"属性"，在新窗口中选择"共享"标签页，如图 6.16 所示。

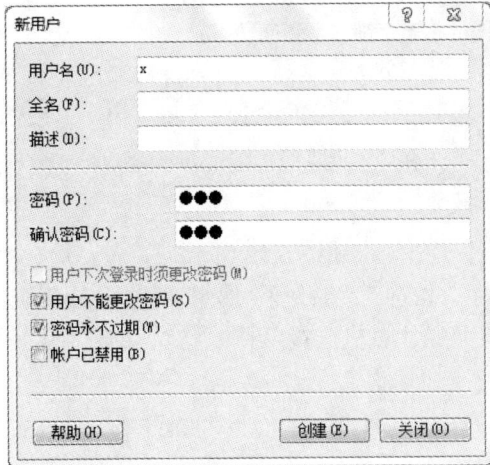

图 6.15　创建新用户窗口

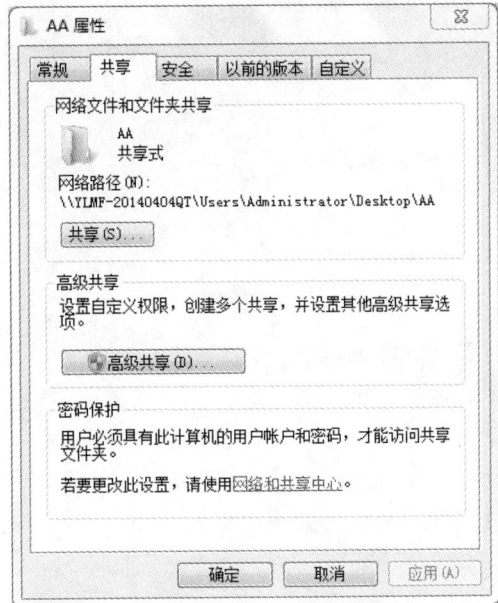

图 6.16　文件夹共享窗口

在图 6.16 所示窗口中单击"高级共享"，在新窗口设置"共享名"和"用户数量"，并单击"权限"按钮，添加特定用户，并设置权限或修改默认用户组 everyone 的权限。此处共享名修改为"计算机"，可以同时访问的用户数量设置为 10。添加之前创建的 x 用户，设置其权限为"完全控制"，默认用户组 everyone 权限未改变，结果如图 6.17 所示。

所有共享参数设置完毕后，单击"确定"按钮关闭窗口。

4) 设置共享

打开"控制面板"→"网络和 Internet"→"网络和共享中心"，在窗口左侧单击"更改高级共享设置"，启用"网络发现""文件和打印机共享"和"公用文件夹共享"，关闭"密码保护的共享"。

5) 访问共享文件夹

在另一台计算机上打开任一窗口，在地址栏上输入"\\172.17.110.242"，此处的 IP 地址是共享文件夹所在计算机的 IP 地址，出现的新窗口如图 6.18 所示。在窗口中输入之前在共享主机上创建的用户名和密码，即可访问共享的文件夹。

4. 远程桌面连接

1) 远程控制的方法

在 Internet 上，普通用户经常使用 QQ 等软件提供的远程协助功能，而远程桌面连接是 Windows 自带的一项功能，常用于局域网的远程控制。在远程控制操作中，控制其他计算机的主机称为主控端，被其他计算机控制的主机称为被控端。

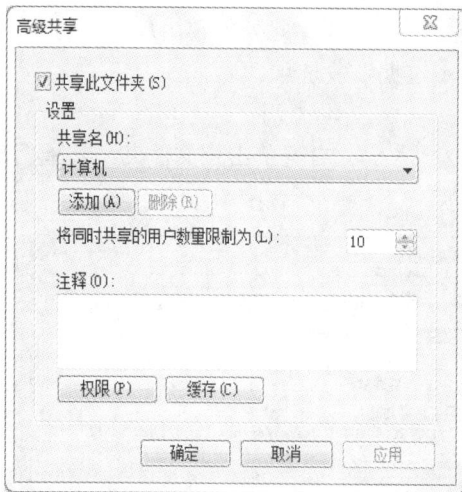

图 6.17　高级共享窗口

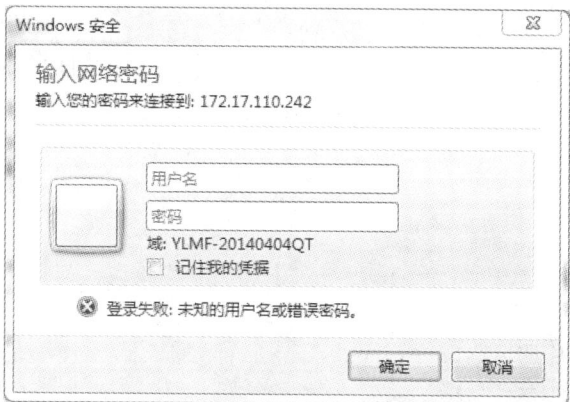

图 6.18　访问共享文件夹的登录窗口

2) 被控端的设置

在被控端的桌面上右击"计算机"，选择"属性"选项，如图 6.19 所示。

在该窗口左方单击"远程设置"，如图 6.20 所示。勾选"允许远程协助连接这台计算机"，选择"仅允许运行使用网络级别身份验证的远程桌面的计算机连接(更安全)"，并选择用户，此处选择之前创建的 x 用户。

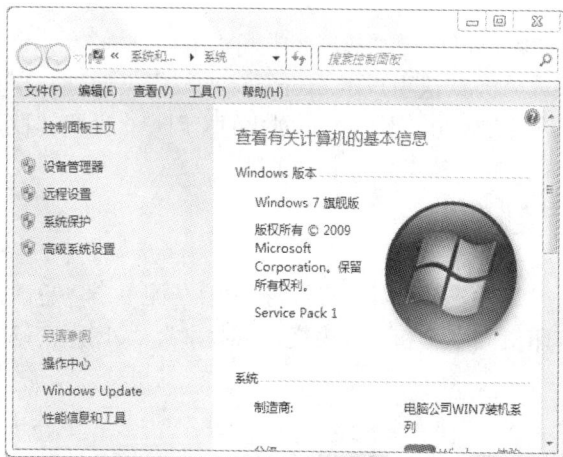

图 6.19　计算机属性窗口

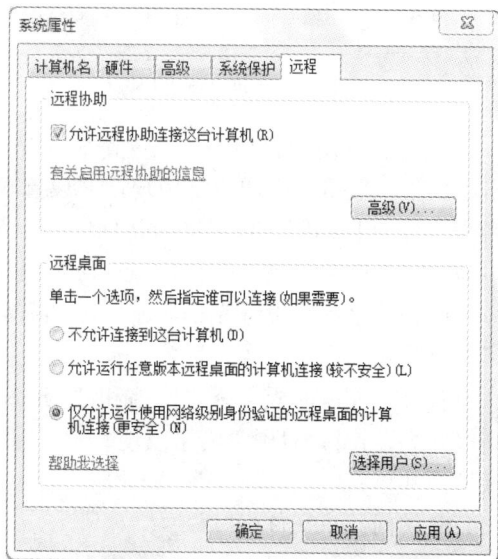

图 6.20　系统属性窗口远程标签页

3) 主控端的操作

在主控端的桌面单击"开始"→"所有程序"→"附件"→"远程桌面连接"，如图 6.21 所示。

在该窗口中输入目标计算机的 IP 地址，单击"连接"按钮即可进行远程桌面连接。用户也可以在图 6.21 所示窗口中单击"选项"，保存远程桌面连接时需要的登录账号和密码，还可以设置显示方式和磁盘资源共享等。

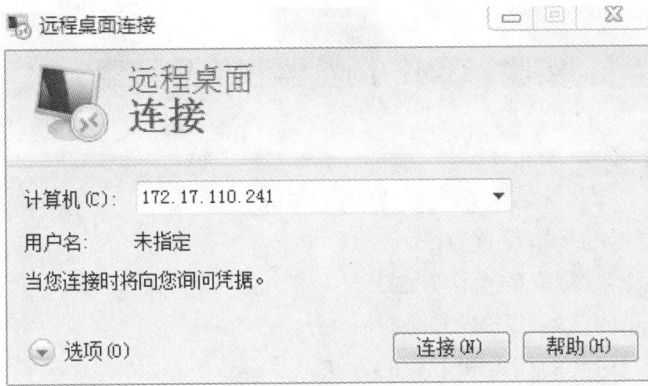

图6.21　远程桌面连接登录窗口

4)远程控制

连接成功后的窗口如图6.22所示。用户可以像使用本地主机一样远程操控网络主机。注意，远程桌面连接后，主控端可以操作，但是被控端是无法操作的，即同时只能由一个用户操作被控端，这个和QQ的远程协助是有区别的。若在远程桌面连接中，用户又在被控端进行登录操作，则主控端会失去对被控端的控制。

图6.22　远程桌面连接窗口

四、思考与练习

(1)设置IP协议4个主要的参数，各是什么含义和作用？

(2)使用ping命令检测网络主机时，如果数据包的接收数量不等于发送数量，说明什么？

(3)远程桌面连接能不能在Internet上使用？如果能，怎么实现？如果不能，为什么？

(4)DOS命令ipconfig的作用是什么？

实验二　IE 浏览器和信息搜索

一、实验目的

(1)掌握 IE 浏览器的基本设置方法。
(2)掌握 IE 浏览器收藏夹的操作方法。
(3)掌握普通信息的搜索和下载方法。
(4)掌握学术期刊论文的搜索和下载的方法。

二、实验内容

(1)在"Internet 选项"中，设置常规、安全、隐私、内容、连接、程序和高级的部分参数。
(2)分别在 IE 浏览器和"资源管理器"中完成收藏夹的添加、删除、备份等操作。
(3)在 Internet 上搜索指定的新闻、图片、音频和其他问题，下载相关资源。
(4)在 Internet 上搜索指定的学术期刊论文，下载论文并打开。

三、实验步骤

1. IE 浏览器的设置

1)Internet 选项
打开 IE 浏览器，在菜单中选择"工具"→"Internet 选项"，如图 6.23 所示。
在"常规"标签页中，常见的设置操作如下。

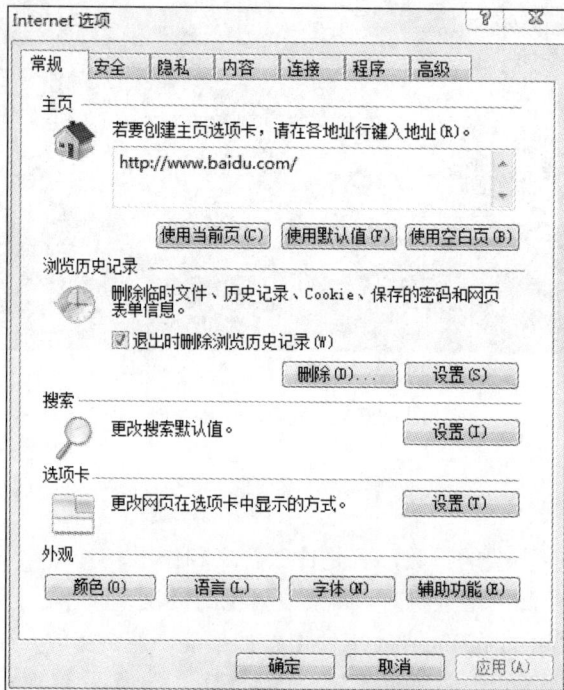

图 6.23　Internet 选项窗口的常规标签页

(1)设置主页：打开网页浏览器时默认访问的网站首页，称为浏览器的主页。

(2)删除浏览历史记录：浏览器会自动记录用户访问的任何网页和相关数据，方便用户之后的再次访问。

(3)更改网页打开方式：在 IE 8.0 中打开多个网页时，可以使用选项卡的方式进行打开，即多个网页都在一个 IE 窗口中；也可以使用新窗口的方式进行打开，即每个 IE 窗口只有一个网页。

注意，网页的放大和缩小使用 Ctrl+鼠标滚轮的快捷方式进行操作，不需要另外设置，放大和缩小的比例在浏览器窗口下方的状态栏右端提示。

2)其他标签页

在图 6.23 所示窗口中还有另外 6 个标签页，常用的功能如下。

(1)"安全"：常用于设置是否允许访问 Internet 上的指定网站。

(2)"隐私"：设置网页上用户输入的表单数据(例如用户账号信息)是否可以保存在本地计算机上，以及是否阻止网站的弹出窗口。

(3)"内容"：主要设置安装在浏览器里的各种证书，以及设置自动完成功能的参数。自动完成是指当浏览器打开的网页中需要输入表单数据时，浏览器是否通过读取 cookie 来完成自动匹配功能。

(4)"连接"：常用于设置代理服务器的相关参数。

(5)"程序"：设置本机默认的网页浏览器和浏览器中安装的各种加载项(插件)。

(6)"高级"：设置网页浏览器的参数，修改后需重新启动网页浏览器才能生效。

2. 使用收藏夹

1)收藏夹的查看与添加

收藏夹的作用是将用户经常访问或者有用的网页保存下来，方便用户以后的访问操作。在 IE 8.0 浏览器中，单击快捷工具栏中的"收藏夹"，窗口左方就会出现收藏夹中保存的网页列表，如图 6.24 所示。另外，在浏览器窗口的菜单中选择"收藏夹"，也能查看用户收藏的网页列表。

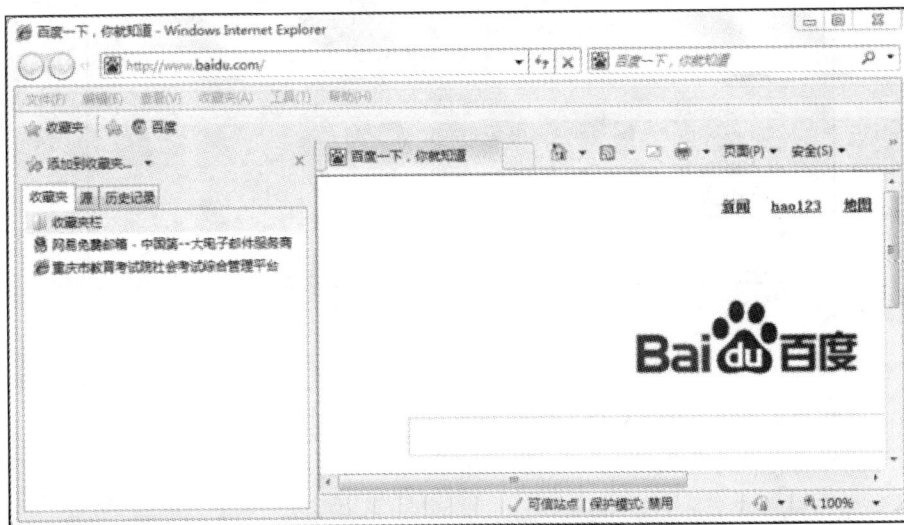

图 6.24　IE 8.0 浏览器的收藏夹窗口

在常用网页的空白处右击，选择"添加到收藏夹"，如图 6.25 所示。设置好收藏的名称和位置，单击"添加"按钮，即可完成收藏工作。

2) 整理收藏夹

在浏览器窗口的菜单中选择"收藏夹"→"整理收藏夹"，如图 6.26 所示。

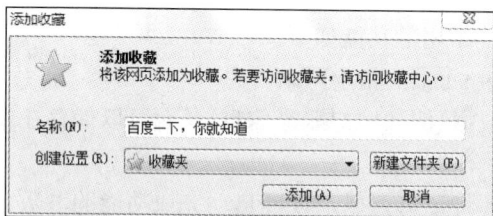

图 6.25　添加收藏窗口

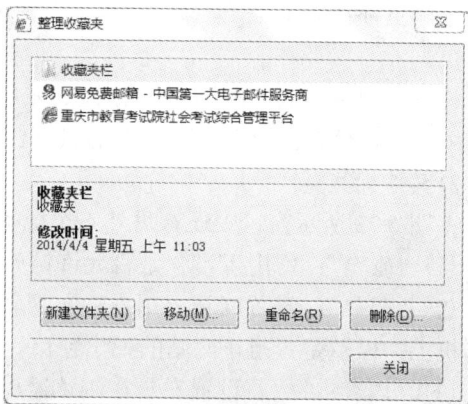

图 6.26　整理收藏夹窗口

整理收藏夹的作用主要是对收藏的网页进行归类整理，方便用户使用。实际上，收藏的网页都是以网页文件的快捷方式进行存储的，但是普通用户一般不清楚收藏夹的存储位置，此时可以先在"整理收藏夹"窗口中新建一个文件夹，然后在浏览器菜单中单击"收藏夹"，然后右击刚才建立的文件夹，选择"打开"选项，即可以"资源管理器"的方式打开该文件夹，如图 6.27 所示。

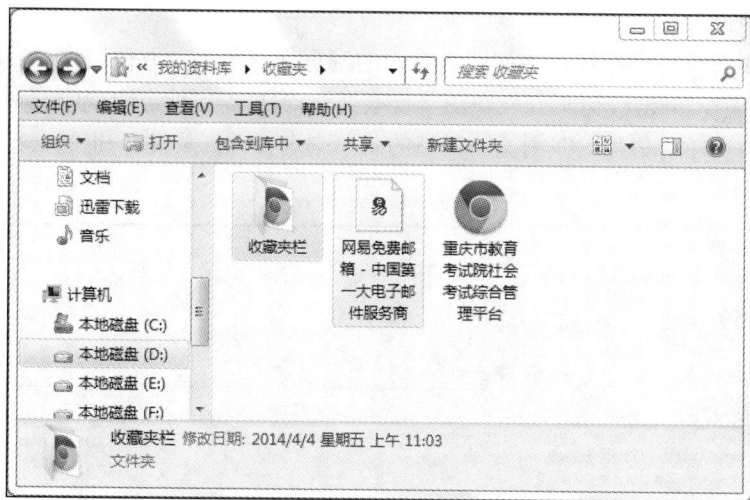

图 6.27　资源管理器中的收藏夹

在"资源管理器"中，整理收藏夹类似于常见的文件夹和文件的建立、删除、修改以及复制粘贴，在此不赘述。

3. 普通信息的搜索和下载

假定有问题：家里的多台计算机想都上网，怎么办？

打开百度网站，直接输入问题搜索结果，如图 6.28 所示。

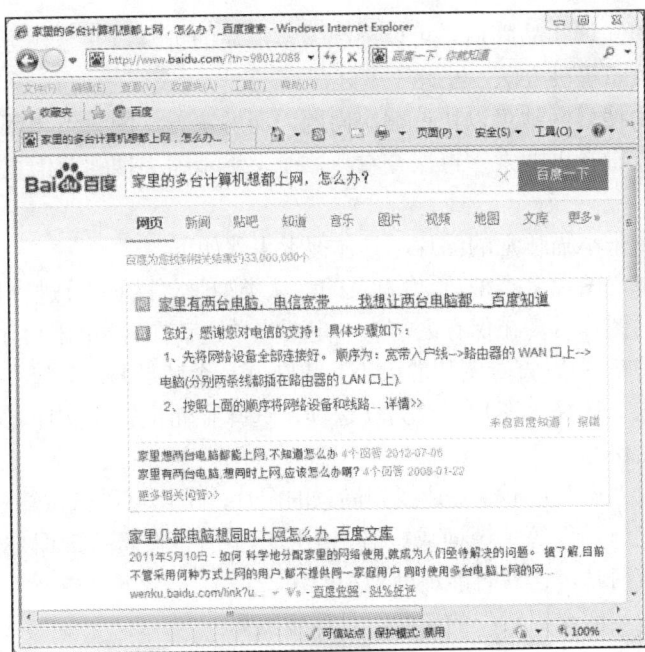

图 6.28 百度搜索结果窗口(1)

如图 6.28 所示的窗口中可以看到，搜索结果有约 3.3 千万个。搜索结果中，与搜索内容相同的文字以红色标注。用户可以点开多个搜索结果，从而了解该问题的解决方法。

在知道路由器是解决该问题的关键后，重新输入"路由器"，继续了解路由器的相关知识，搜索结果如图 6.29 所示。

从图 6.29 所示窗口中可以看到，第一条结果与其他搜索结果的背景颜色不一致，且在该结果右上方有文字"推广链接"，表明第一条搜索结果是厂家做的产品推广广告。用户可以忽略推广链接，直接查看其他搜索结果。

图 6.29 百度搜索窗口(2)

在了解路由器的知识和品牌后，可以继续搜索产品的价格，并且还可以在百度中搜索路由器的设置方法和故障解决方法，在此不赘述。

总的来说，借助搜索网站可以快速解决问题，而解决方法的大致步骤为：搜索→查看结果→再搜索→再次查看→再搜索→再次查看→……，逐步缩小搜索范围直至找到全面、满意的答案。

假定需要搜索一张小猫睡觉的图片，具体搜索步骤如下。

打开百度，选择"图片"类型(百度首页的默认类型是"网页")进行搜索。

在浏览到满意的图片后，在保存之前，一定要先单击该图片(单击后才显示实际的图片，否则只显示图片的缩略图)，查看图片的大小和清晰度是否满足要求。保存(下载)图片的方法是在图片上右键单击，选择"图片另存为"选项，选择存储位置和文件名称即可。也可以通过其他软件进行截图保存。

注意，直接输入"猫"并不能快速找到满意的图片，用户可以试试输入"小猫睡觉""睡觉中的小猫"或"猫睡觉"等关键词或短语。当用户不清楚搜索关键词是什么时，可以直接把整个问题交给搜索网站，让其智能地处理和解决。

假定想知道"姚明两会提案"的新闻，具体步骤如下。

打开百度，选择"新闻"或"网页"均可。如果输入"姚明两会提案内容"进行搜索，用户可以马上看到正确的答案，但如果用户想知道姚明 2014 年两会的提案内容，就需要在输入时添加时间，如"姚明 2014 年两会提案内容"或"姚明两会提案内容 2014"。这说明当用户在搜索时需要指定具体的时间时，时间就是一个关键词。

假定想下载歌手常石磊的歌曲"哥哥"，具体步骤如下。

打开百度，选择"音乐"类别，输入"常石磊哥哥"，然后在结果中选择并下载即可。

百度提供的"高级搜索"功能可以帮助用户更加准确地搜索到满意结果。打开百度，在页面的右上方选择"设置"→"高级搜索"，如图 6.30 所示。

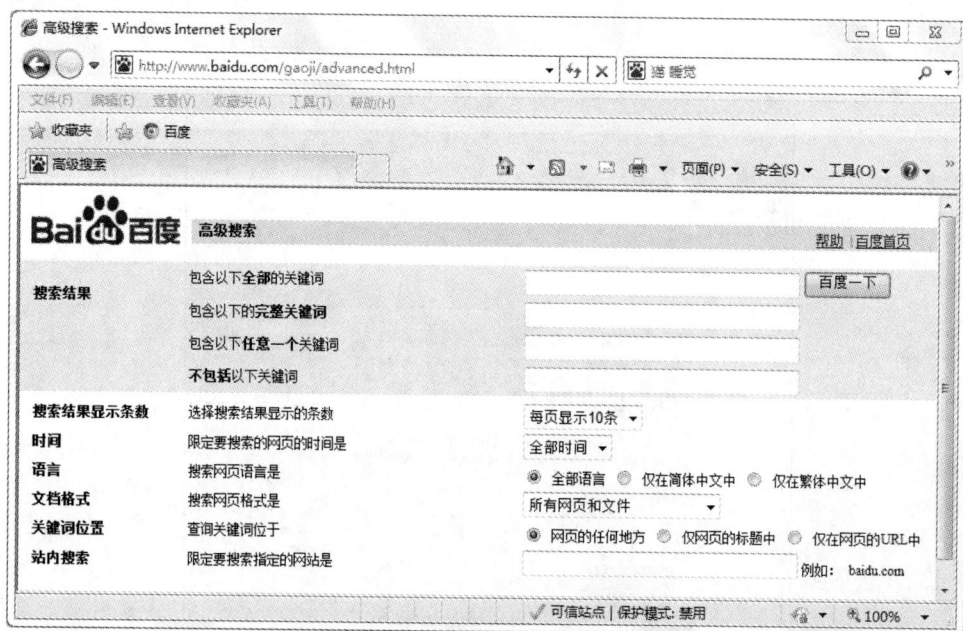

图 6.30　百度的高级搜索窗口

用户在"高级搜索"里常用的选项如下。

(1)不包括以下关键词：如果在搜索结果中总是出现不想看到的结果，可以在此处填写该结果相关的关键词，达到屏蔽相关结果的效果。

(2)时间：限定搜索结果的时间范围。

(3)文档格式：限定搜索结果的文件类型，特别在搜索 Office 文档时，此选项非常有用。

(4)站内搜索：把搜索范围局限在某一个特定的网站中。

4. 学术文章的搜索和下载

1)学术文章的搜索网站

当用户需要从 Internet 上获取期刊学术论文时，普通的搜索网站可能有些力不从心，此时需要借助专业网站，如国内常用的 CNKI 中国知网，国外的 IEEE Xplore 和 Engineering Village。此处以 CNKI 进行介绍。注意，专业网站都是收费的，但是国内高校一般都会根据自身情况进行购买。

另外，不同专业网站的收费项目不同，有些是搜索免费但下载收费，有些是搜索和下载都收费。对于搜索免费但下载收费的专业网站，普通用户可以根据专业网站的搜索结果，进一步借助普通的搜索网站再进行搜索，但是搜索结果不一定让人满意。

假定需要查找"大学计算机基础教学"的相关学术论文，具体步骤如下。

登录 CNKI 网站，或者通过高校图书馆提供的 CNKI 入口进入，如图 6.31 所示。

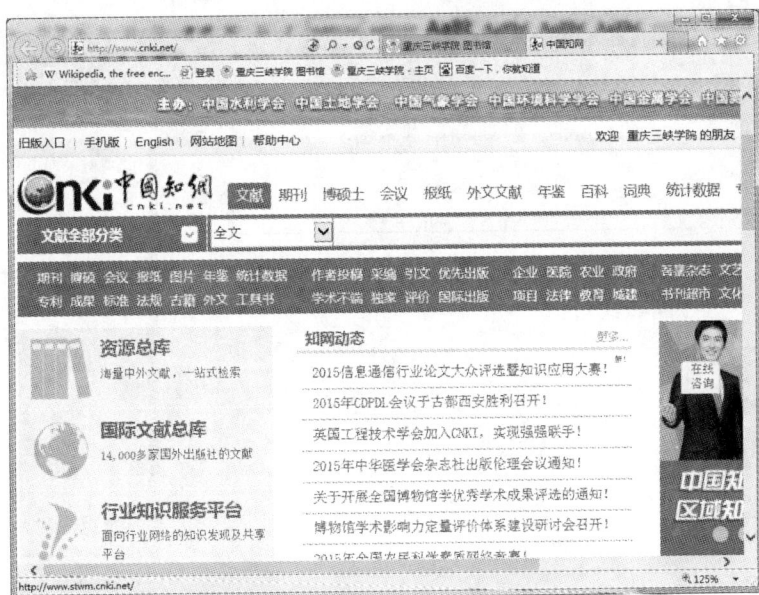

图 6.31　中国知网 CNKI 窗口

直接输入"大学计算机基础教学"进行检索，结果如图 6.32 所示。

用户可以选择文章的类别，如"文献""期刊"和"会议"等，也可以选择检索文字的类别，如"全文""主题""篇名"和"作者"等，还可以选择文章的"发表年度""学科"和"来源数据库"等，从而缩小检索范围，更加快速准确地找到满意的文章。

2)下载与打开

在搜索结果的窗口中，选择某一文章并单击右方的下载图标进行下载，双击运行该文件，窗口如图 6.33 所示。注意，从 CNKI 下载的文献是 caj 文档格式，必须使用 CAJViewer 软件才能打开，而国外专业网站的文献一般为 pdf 文档格式，需要使用 Adobe Reader 软件打开。

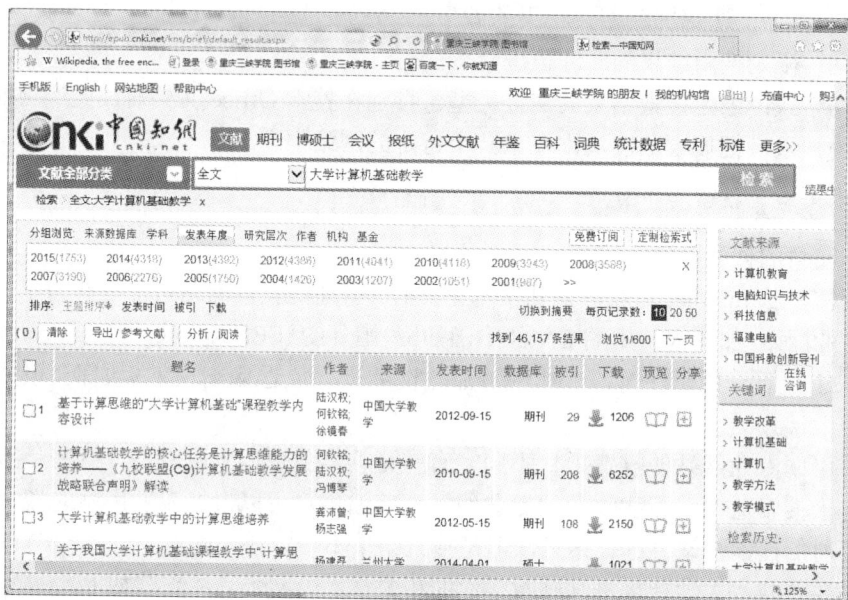

图 6.32　中国知网 CNKI 搜索结果窗口

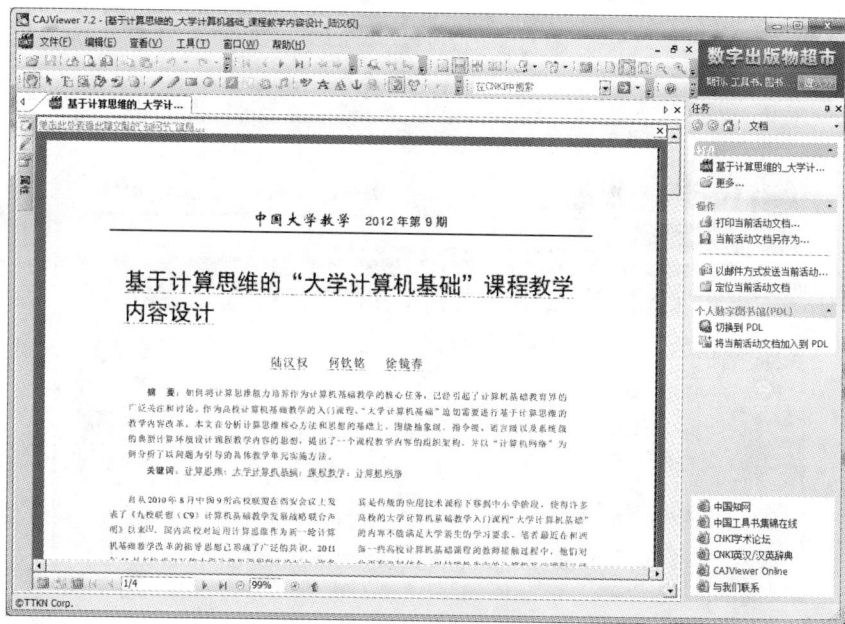

图 6.33　CAJViewer 窗口

四、思考与练习

(1) 简述收藏夹的备份和恢复操作。

(2) 使用百度(不用百度文库)搜索并下载一份有关"HTML 教程"的 PPT 文档。

(3) 使用 CNKI 搜索并下载一份 2014 年发表的有关"网络安全"的期刊论文。

实验三 电子邮件

一、实验目的

(1)学习使用 IE 浏览器进行邮件收发的方法。

(2)掌握 Outlook 2010 的基本使用方法。

(3)清楚设置 SMTP 和 POP3(IMAP)的方法和步骤。

二、实验内容

(1)用 IE 浏览器进入邮箱,完成邮件的收发工作。

(2)搜索邮箱网站的 SMTP 和 POP3(IMAP)参数,在 Outlook 中设置。

(3)使用 Outlook 2010 对指定邮箱进行收发邮件操作。

三、实验步骤

1. 使用 IE 浏览器收发邮件

1)进入邮箱网站

国内网站提供邮箱的有网易、QQ 和新浪等。此处以网易为例。打开 IE 浏览器,输入
email.163.com,进入网易的邮箱网站,如图 6.34 所示。

图 6.34　网易邮箱登录页面

2)注册账号

在如图 6.34 所示的窗口中单击"注册网易免费邮"链接,在新窗口中输入正确的注册信
息后,即可单击"立即注册"按钮进行注册,如图 6.35 所示。

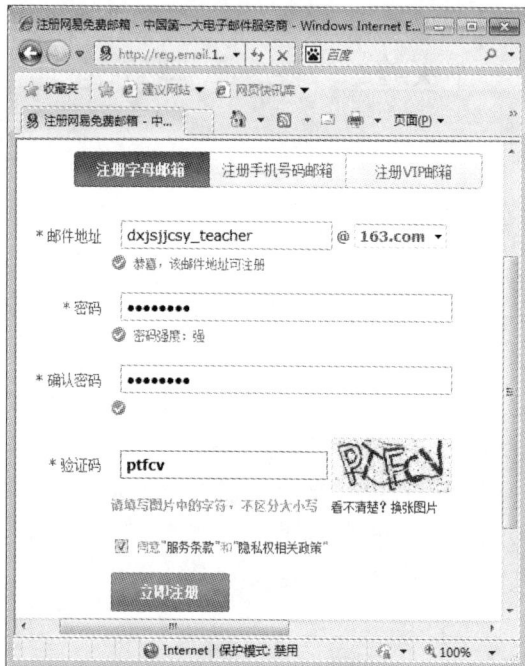

图 6.35　注册网易免费的字母邮箱页面

在填写注册信息时需要注意的事项如下：

（1）可以选择"注册字母邮箱"或"注册手机号码邮箱"，两者都是免费，但手机号码更容易记忆，此处选择的是"注册字母邮箱"。"注册 VIP 邮箱"是需要付费使用的。

（2）"邮件地址"中输入的是邮箱用户名，必须是唯一的，且需满足网站的具体要求。

（3）"密码"中填写的密码需满足网站的具体要求。

3）进入邮箱

注册成功后自动进入邮箱，如图 6.36 所示。邮件的具体编写、发送和接收等步骤和通讯录操作在此不赘述。

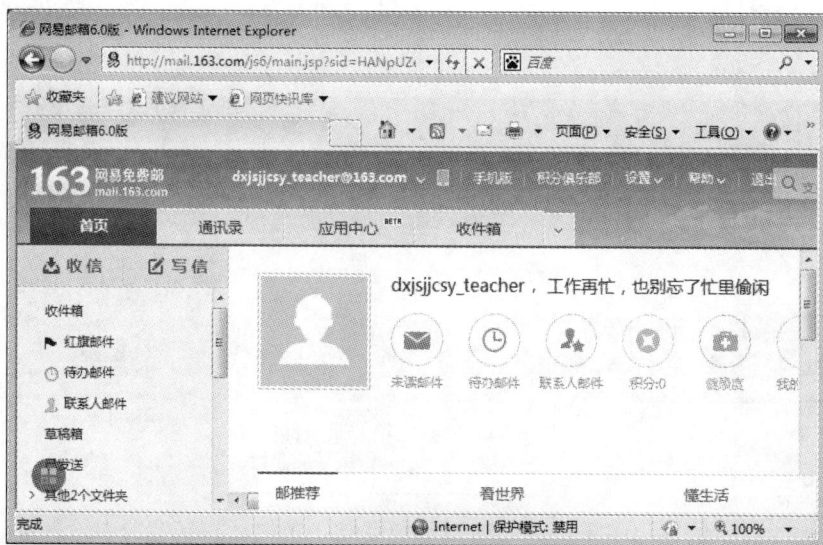

图 6.36　网易邮箱页面

2. 使用 Outlook 2010 收发邮件

1) 设置邮箱属性

在使用 Outlook 2010 收发邮件前，用户必须已经拥有一个可用的邮箱账号。选择"设置"→"邮箱设置"，在窗口左边单击 POP3/SMTP/IMAP，然后在右边勾选相关选项，如图 6.37 所示。考虑到网络安全，网易邮箱会要求通过手机短信验证才能保存设置，用户根据提示操作即可。

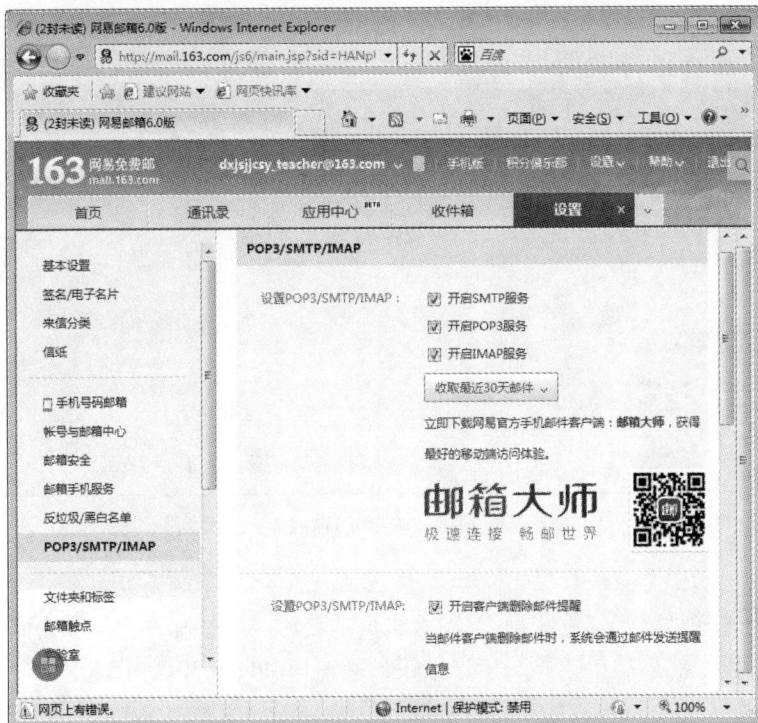

图 6.37　设置邮箱 POP3 等协议的页面

2) 启动 Outlook 2010

首次使用 Outlook 2010 时，会出现如图 6.38 所示窗口。单击"下一步"按钮。

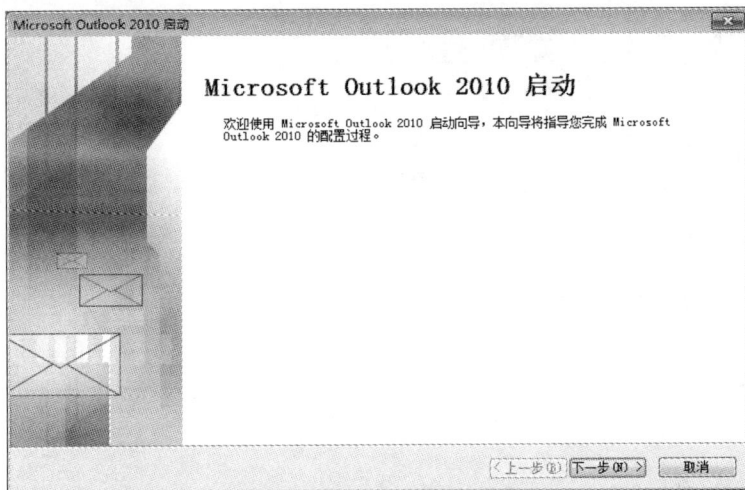

图 6.38　Outlook 2010 启动窗口

3）在 Outlook 2010 中创建账户

新打开的窗口如图 6.39 所示。由于 Outlook 2010 中还没有账户，所以在新窗口中选择"是"，然后单击"下一步"按钮继续。

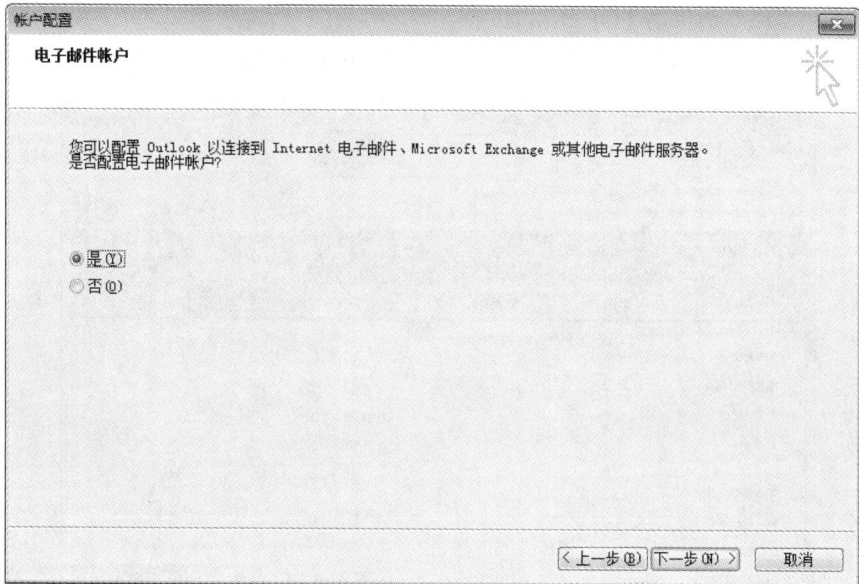

图 6.39　账户配置窗口

4）设置账户参数

在新窗口中选择"电子邮件账户"，输入账户的名称、电子邮件地址和密码，注意密码是注册邮箱时的密码，然后单击"下一步"按钮。新窗口如图 6.40 所示。

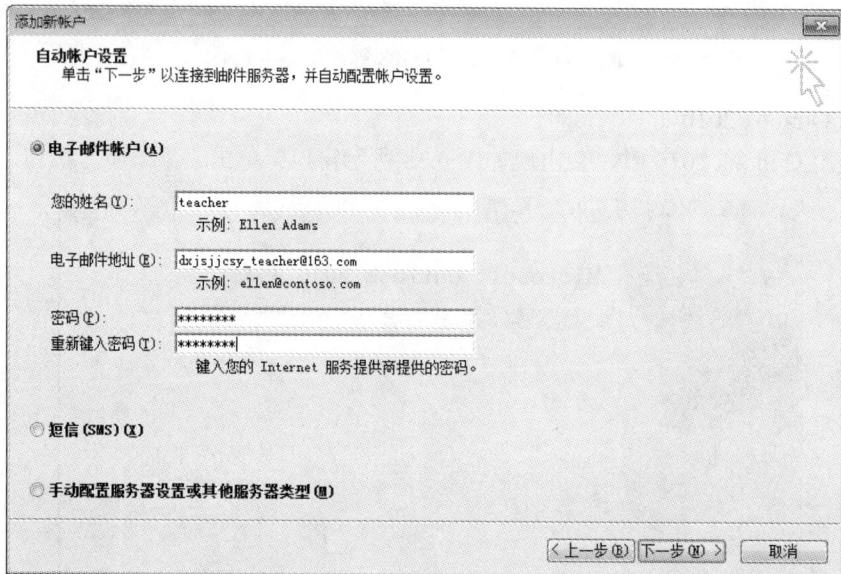

图 6.40　添加新账户窗口

5）账户的配置与连接

Outlook 2010 自动进行网络连接并配置账户，成功完成后的窗口如图 6.41 所示。

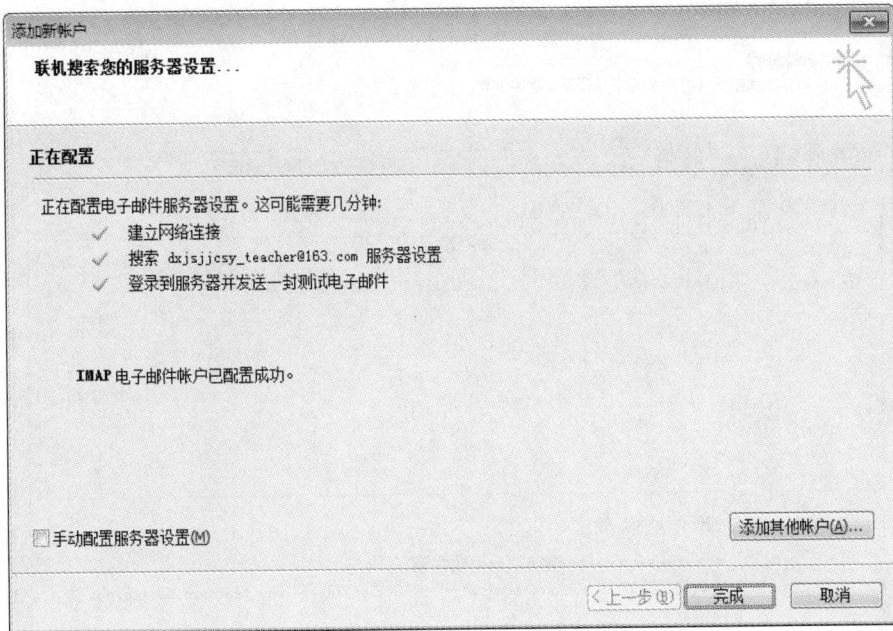

图 6.41　添加新账户成功的结果窗口

6) 邮件收发

账户配置成功，进入 Outlook 2010 后，用户可通过指定邮箱进行邮件收发等操作，操作步骤此处不赘述。Outlook 2010 主窗口如图 6.42 所示。

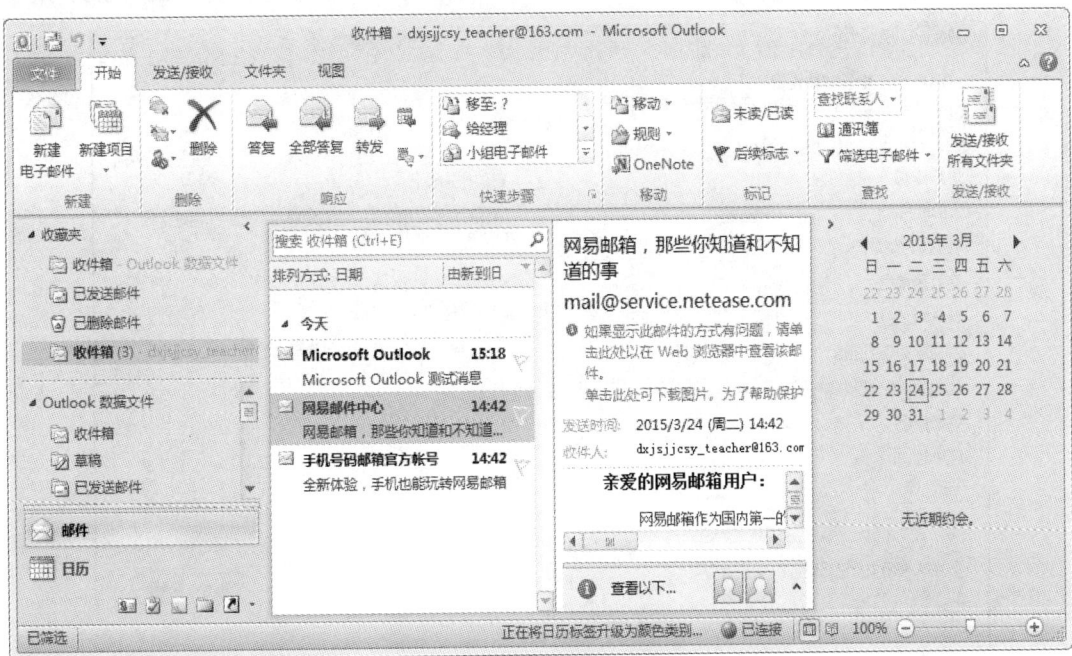

图 6.42　Outlook 2010 主窗口

7) 修改账户参数

如果需要修改账户参数，可以单击菜单"文件"→"信息"→"账户设置"，如图 6.43 所示。

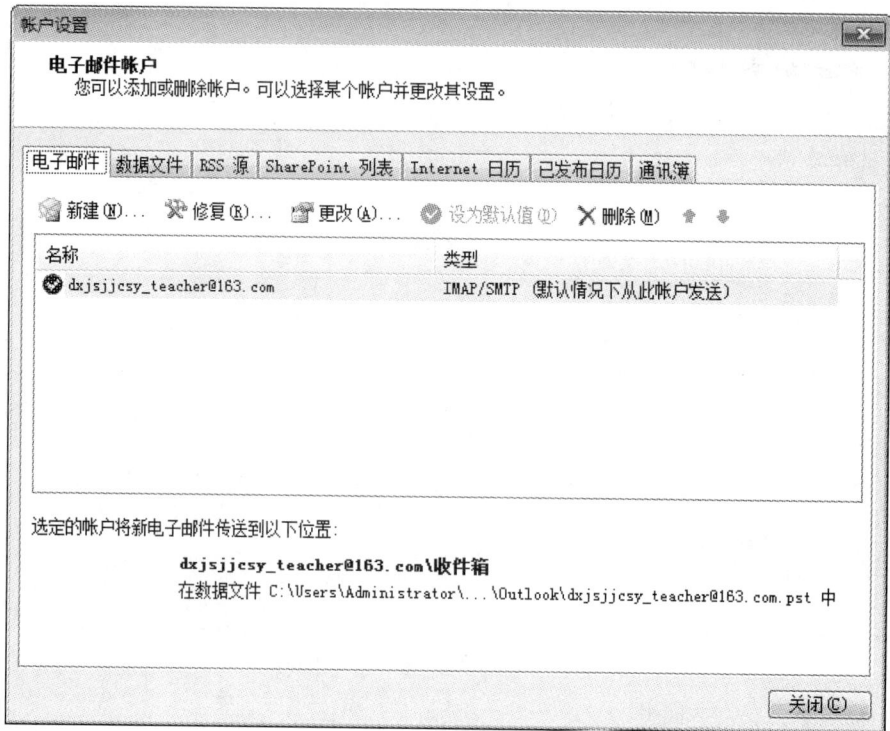

图 6.43　账户设置窗口

在图 6.43 所示窗口中，选择需要修改的邮箱，然后单击"更改"，新窗口如图 6.44 所示。

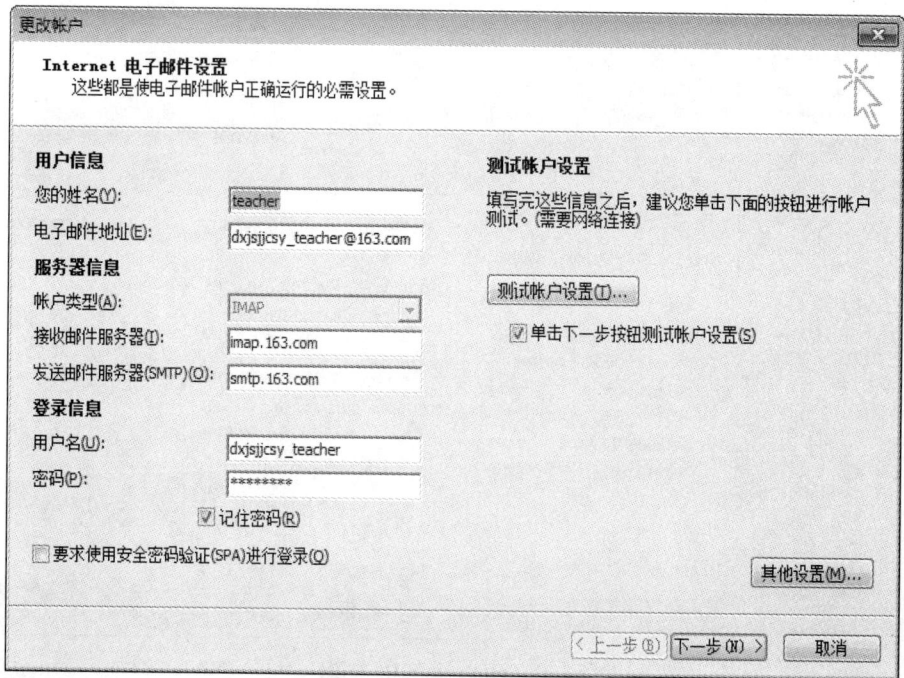

图 6.44　更改账户窗口

在图 6.44 所示窗口中，可以修改账户名称、电子邮件地址、POP3 等协议、邮箱登录用户名和密码等。

四、思考与练习

(1) 尝试在 Outlook 2010 的同一账户中添加多个邮箱。

(2) 如果是 QQ 邮箱，相应的 POP3 协议应该如何填写？

实验四 网 页 制 作

一、实验目的

(1) 掌握 Dreamweaver 8.0 的基本使用方法。

(2) 掌握在网页制作中插入文本、图片和超链接的方法和步骤。

二、实验内容

(1) 使用 Dreamweaver 8.0 创建多个网页，插入文字和图片。

(2) 设置文本超链接或图片超链接，完成页面的跳转功能。

三、实验步骤

1. 创建 index 网页

首先在桌面新建文件夹，命名为"网页设计"，为网页文件和其他相关文件的存储做好准备。运行 Dreamweaver 8.0，单击菜单"文件"→"新建"，"新建文档"窗口如图 6.45 所示。

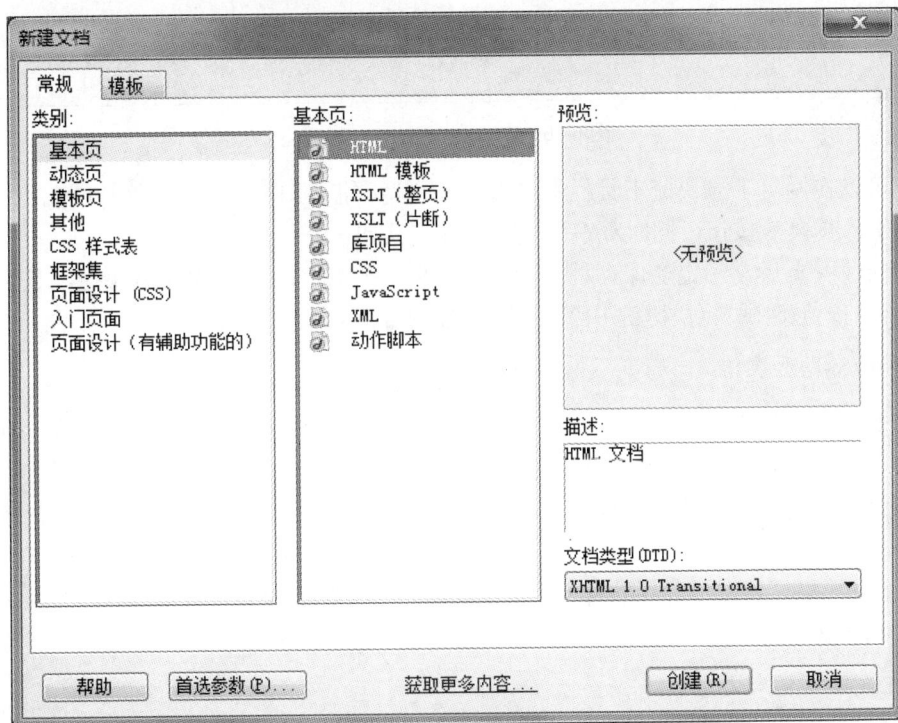

图 6.45 "新建文档"窗口

在图 6.45 所示窗口中，选择"常规"标签页中的"基本页"→HTML，单击"创建"按钮即可。

2. 保存网页

将新建的网页文件以 index.html 为文件名，保存类型为"所有文档"，保存到"网页设计"文件夹中，如图 6.46 所示。

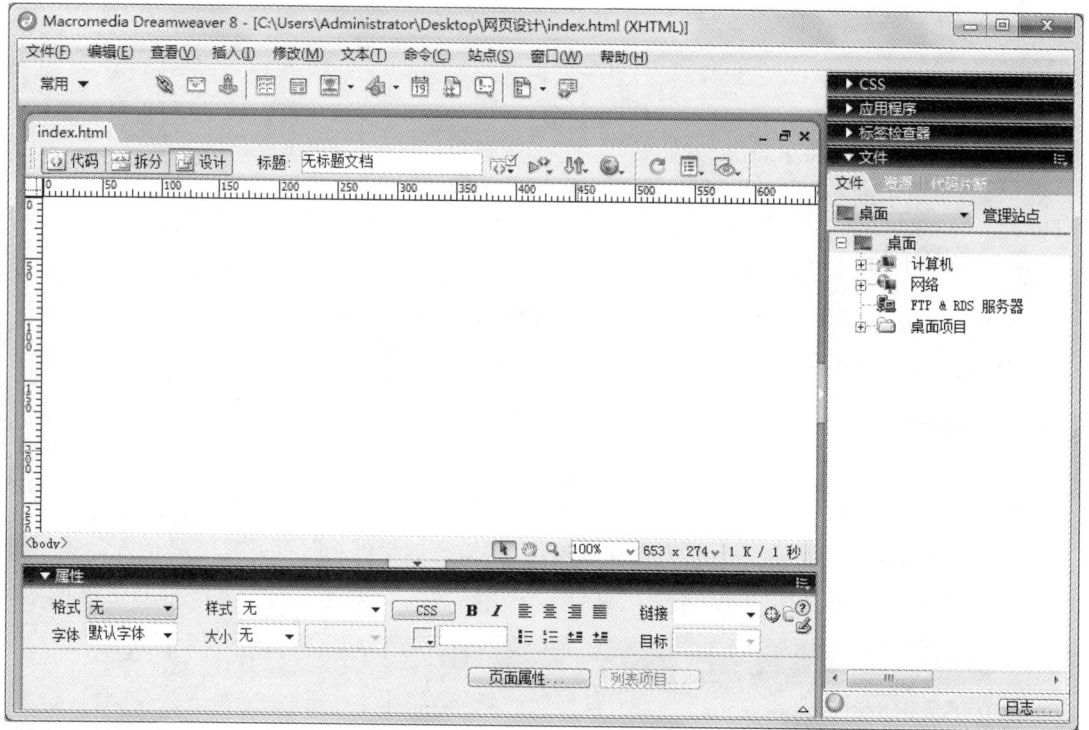

图 6.46 Dreamweaver 8.0 窗口

用户可以在网页上方快捷工具栏中单击"代码"按钮，随时查看网页的 HTML 代码内容，也可以单击"拆分"按钮，同时观察网页的设计和代码。

每次修改网页后，一定要保存(快捷键 Ctrl+S)，然后可以在网页上方快捷工具栏中单击"在浏览器中预览/调试"(快捷键 F12)，通过 IE 浏览器观察。

3. 添加标题和表格

在网页快捷工具栏的"标题"中输入网页标题"重庆市万州区"，并利用快捷工具栏上的"表格"，在网页中插入一个 4×3 的表格。

选中整个表格，在属性窗口设置"对齐"属性为居中对齐，"边框"为 0，"背景颜色"为浅蓝。选中第一行的 3 个单元格，单击右键选择"表格"→"合并单元格"，然后再合并第 2 行的 3 个单元格，并调整各行的行宽。选中第一行单元格，设置"背景颜色"为绿色，结果如图 6.47 所示。

4. 在表格中插入文字

在表格中输入如图 6.48 所示文字后，选中文字，并在属性窗口中设置文字属性。

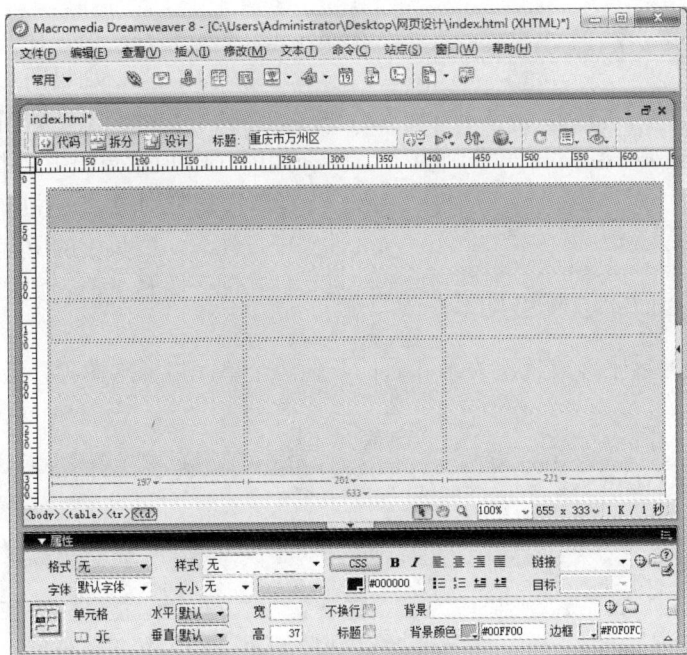

图 6.47　插入表格后的网页

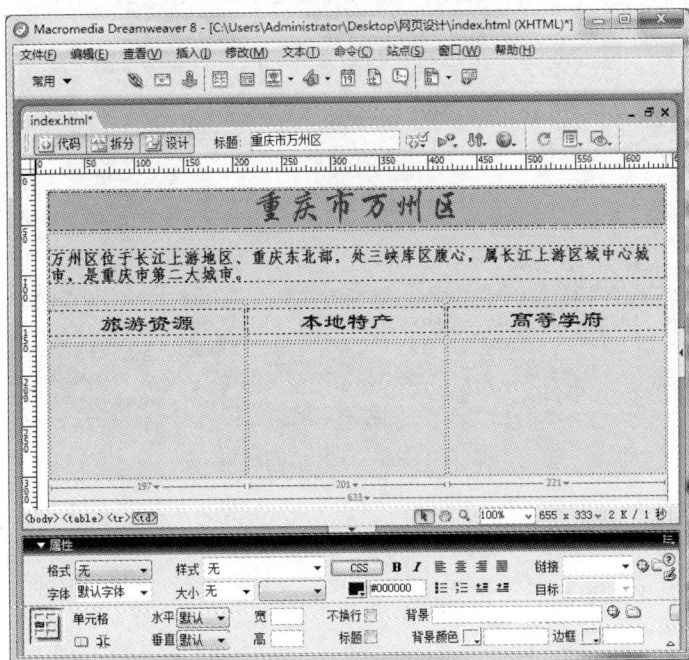

图 6.48　添加文字后的网页

　　将第一行单元格文字格式设置为居中对齐、大小 36、红色、华文行楷(缺少字体时可以在"字体"下拉框中选择"编辑字体列表"进行字体添加)；将第二行单元格文字格式设置为左对齐、大小 16、仿宋、加粗；将第三行文字设置为居中、大小 24、隶书。

5. 在表格中插入图片

　　在 Internet 上搜索相应图片并保存。单击第 4 行第 1 个单元格，然后单击快捷工具栏上的

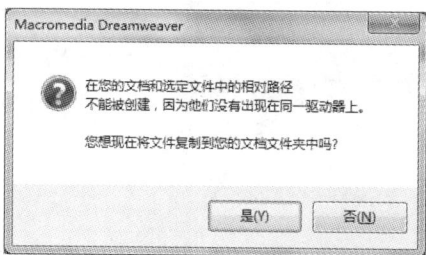

图 6.49　网页图片文件的复制询问窗口

"图像：图像"，选择之前保存的图片，插入到第1 个单元格中。注意，如果图片文件和网页文件不在同一路径下，将会出现如图 6.49 所示窗口。

在如图 6.49 所示窗口中，用户必须单击"是"按钮，将图片复制到网页文件所在的"网页设计"文件夹中。注意，网页中的所有资源文件最好与网页文件在同一路径下，否则浏览网页时会出现错误。

调整图片大小并居中，并依次为第 4 行的其他两个单元格插入图片，最终结果如图 6.50 所示。

图 6.50　插入图片后的网页

6．查看 index.html 网页

打开"网页设计"文件夹，双击 index.html 网页文件，在 IE 浏览器中查看网页，如图 6.51 所示。

7．创建"高等学府"网页

在 Dreamweaver 8.0 中新建一个 HTML 基本页，"标题"为"高等学府"，插入表格和文字，并设置相关对象的属性和格式，以文件名为 gdxf.html 保存，类型为"所有文档"，保存到"网页设计"文件夹中，结果如图 6.52 所示。

8．创建超链接

选中文字"重庆三峡学院"，右击选中"创建链接"，新窗口如图 6.53 所示。

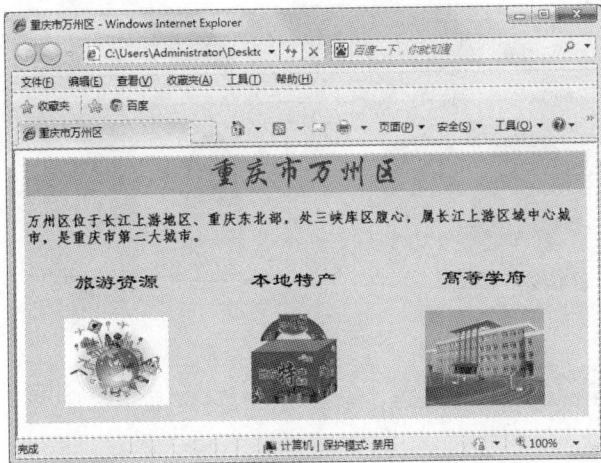

图 6.51　使用 IE 浏览器查看设计好的网页

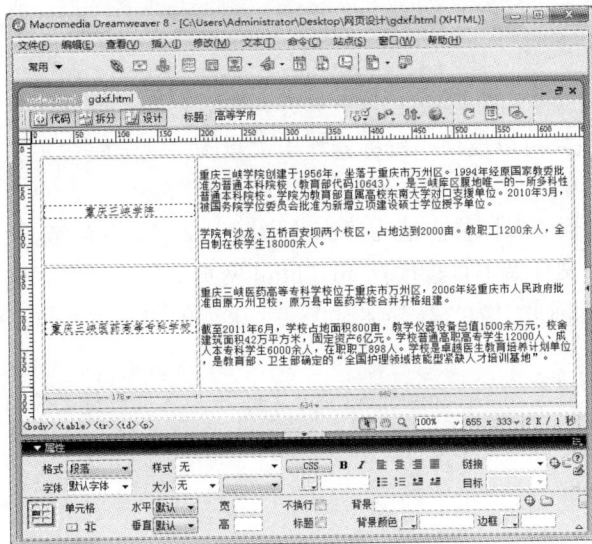

图 6.52　"高等学府"网页

图 6.53　超链接指向 Internet 网站

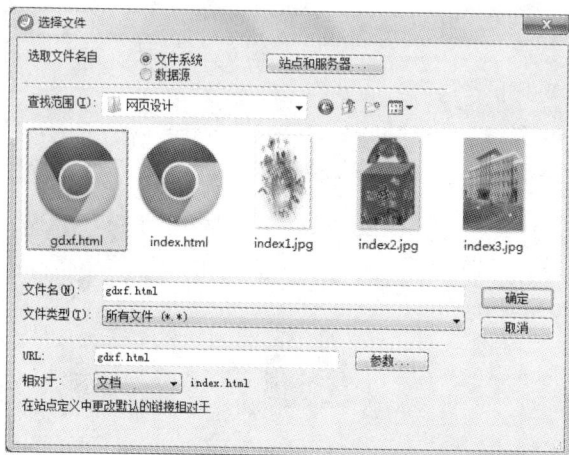

图 6.54　超链接指向其他网页文件

在 URL 中输入目标网站完整的 Internet 地址 http://www.sanxiau.edu.cn，单击"确定"按钮。

此时可以看到"高等学府"网页上的"重庆三峡学院"文字自动变为带下划线的蓝色格式。按 F12 键预览网页，可以发现当鼠标悬浮于"重庆三峡学院"文字上方时，鼠标形状从"箭头"变为"小手"，单击后页面随即跳转到重庆三峡学院主页。

打开 index.html 网页，以同样方法为"高等学府"文字设置超链接。在如图 6.54 所示窗口中，在"网页设计"文件夹中直接选择 gdxf.html 网页文件，单击"确定"按钮。

同样在 index.html 网页中为"高等学府"文字下方的图片设置超链接，链接地址仍然选择 gdxf.html 网页。

保存所有修改，然后关闭 Dreamweaver 8.0，打开"网页设计"文件夹，双击 index.html 网页，使用 IE 浏览器查看网页，并检查超链接的有效性。

9. 其他网页的设计

请用户自行设计其他网页并设置超链接，方法与步骤此处不赘述。

四、思考与练习

(1)在进行网页设计时，每进行一步页面设计，都观察一下网页 HTML 代码的变化情况。
(2)网页设计中插入表格的作用是什么？
(3)试一试直接使用 HTML 代码来设计网页。

第7章 Access 2010 应用技术

实验一 数据库和数据表的创建及维护

一、实验目的

(1)掌握数据库的创建方法和过程。
(2)掌握表的创建方法和过程。
(3)掌握字段的属性设置方法。
(4)掌握记录的输入方法及技巧。
(5)掌握数据记录的排序和筛选方法。

二、实验内容

(1)创建产品销售数据库。
(2)在产品销售数据库中建立产品信息表、顾客表和销售表。
(3)对产品信息表数据进行维护。

三、实验步骤

1. 创新产品销售数据库

启动 Access 2010,创建空数据库,进入如图 7.1 所示的工作界面。然后,选择空数据库选项,在文件名文本框中出现默认文件名 Database1.accdb,把它修改为"产品销售",并把它存储到"我的文档"文件夹中(也可自己选择数据库的保存位置),单击"创建"按钮保存新建数据库文件,产品销售数据库建立完成。

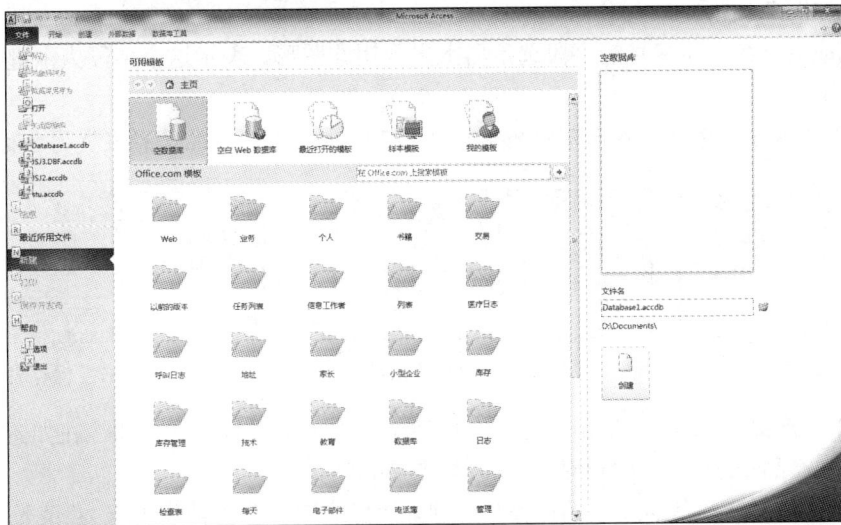

图 7.1 Access 工作界面

2. 在产品销售数据库中建立产品信息表、顾客表和销售表

(1)在功能区上的"创建"选项卡的"表格"组中，单击"表设计"按钮，如图7.2所示。

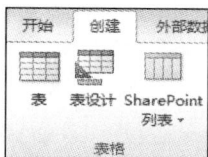

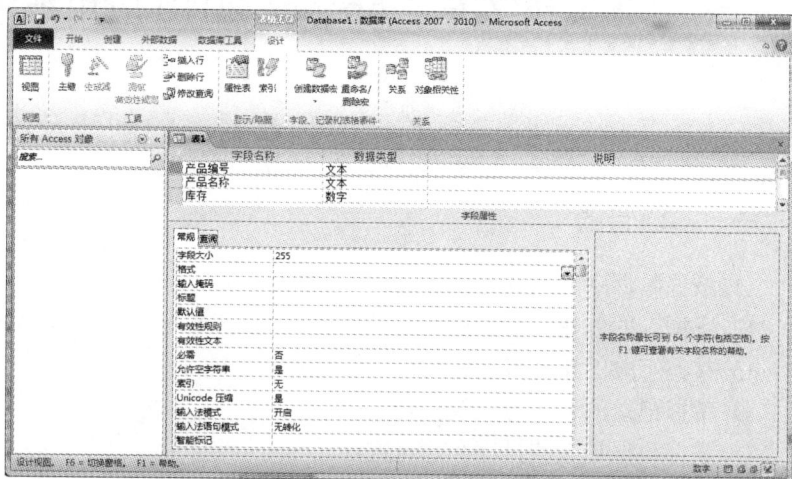

图7.3 产品信息表设计视图

图7.2 "表格"组

(2)打开表的设计视图，按照表的内容，在"字段名称"列中输入字段名称，在"数据类型"列中选择相应的数据类型，在"常规"属性窗格中设置字段大小，如图7.3所示。

(3)把光标放在字段选定行上，光标变成黑色箭头，按住鼠标左键不放，背景为灰色，如图7.4所示。

图7.4 设置主键

单击右键，在快捷菜单中单击"主键"按钮，或者在"设计"选项卡的工具组中单击"主键"按钮，如图7.5所示。

设置完成后，在产品编号的字段选定器上出现钥匙图形，表示这个字段为主键，如图7.6所示。

(4)单击"保存"按钮，弹出对话框，如图7.7所示。以"产品信息表"为名称保存表。

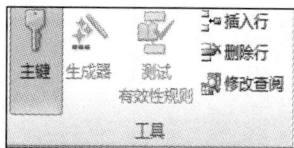

图7.5 选择主键

图7.6 主键设置后结果

图7.7 保存表

(5)选中"产品信息表"，单击右键，在快捷菜单中单击"打开"按钮，在如图7.8所示的窗口中输入产品记录，完成的产品信息表如图7.9所示。

(6)按照建立"产品信息表"的操作步骤建立"顾客表"和"销售表"，并录入相应数据，分别如图7.10、图7.11所示。

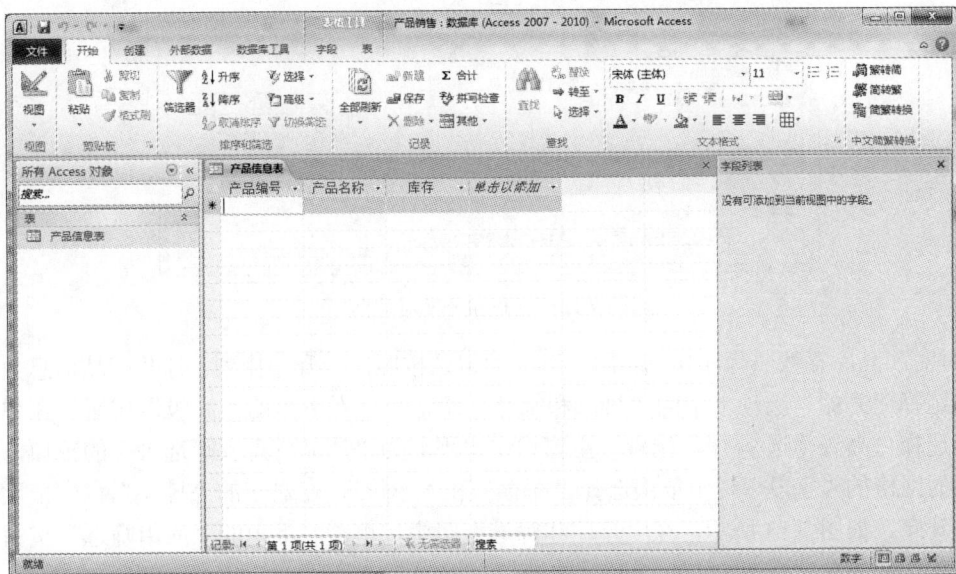

图 7.8 输入产品记录窗口

图 7.9 产品信息表

图 7.10 "顾客表"

图 7.11 "销售表"

3. 在产品信息表中查找记录，对记录进行排序和筛选

(1) 查找产品"冰箱"的记录情况。打开产品信息数据表视图，单击"产品名称"的字段名，选择"开始"菜单，单击"查找"组的"查找"按钮，弹出"查找和替换"对话框，如图 7.12 所示。在"查找内容"中输入查找目标对象"冰箱"，单击"查找下一个"按钮，"产品名称"字段中的"冰箱"将被选中。

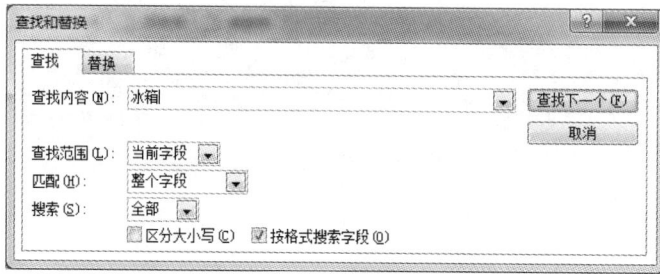

图 7.12　查找和替换对话框

（2）对产品库存按照降序排列，同一库存的记录按照单价升序排列。打开产品信息数据表视图，选择"开始"选项卡中的"排序和筛选"组，单击右下角的"高级"按钮，在弹出的菜单中选择"高级筛选/排序"选项。主窗口中出现名为"产品信息表筛选 1"的窗口，在窗口下方的网格的"字段"栏中依次选择"库存"和"单价"，在对应的"排序"栏中依次选择降序、升序，如图 7.13 所示。在"排序和筛选"组中，单击右下角的"应用筛选"按钮，再在产品信息表的数据视图中查看排序后的结果，如图 7.14 所示。

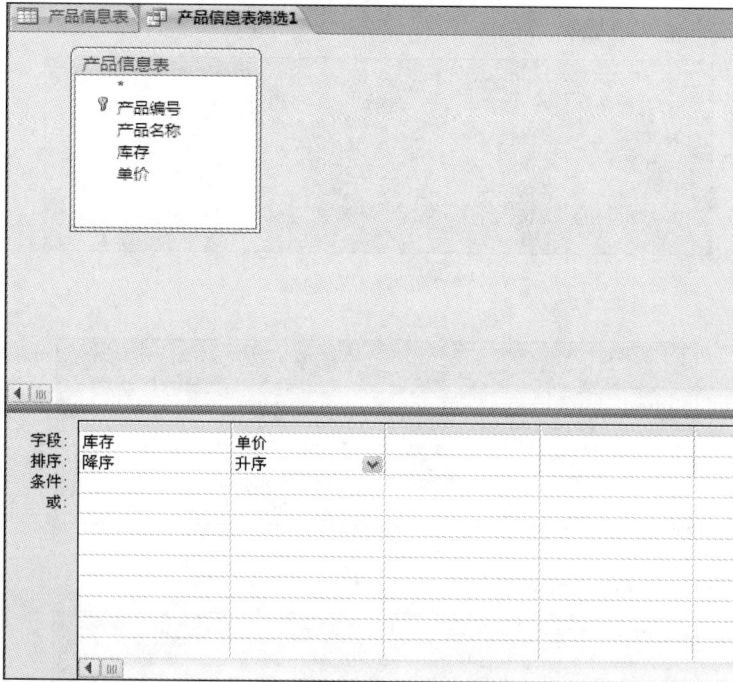

图 7.13　字段排序

图 7.14　字段排序结果

四、思考与练习

(1) 如何保存产品信息表筛选 1？如何恢复产品信息表排序前的顺序？

(2) 创建一空数据库，将已创建好的产品销售数据库中的表（包括数据）复制到该数据库，并根据需要添加新的字段，且追加记录到表中，再把顾客表导出为 Excel 工作表。也可通过导入外部数据源来创建需要新添加的表（如供应商表）。

实验二　查询的创建以及 SQL 语句的应用

一、实验目的

(1) 掌握创建查询的方法。

(2) 掌握查询中表达式使用。

(3) 掌握使用 SQL 语句创建查询的方法。

二、实验内容

(1) 通过实验一中创建完成的"产品信息表"、"顾客表"和"销售表"创建一个查询文件，查询产品的订购信息，其中包括产品编号、产品名称、单价、顾客号、顾客名、订购日期和数量，并将查询文件命名为"查询 1"。

(2) 在创建的"查询 1"中，利用"表达式生成器"添加一个新的字段"货款"。

(3) 使用 SQL 语句交叉查询数据表。

三、实验步骤

1. 创建"查询 1"文件

(1) 打开"产品销售"数据库，首先创建表之间的关联关系。"数据库工具"功能区中单击"关系"按钮，打开"关系"窗口，打开如图 7.15 所示的"显示表"窗口。

(2) 分别双击"产品信息表""顾客表"和"销售表"，将 3 个表添加"关系"窗口中，然后关闭"显示表"窗口，返回到"关系"窗口，如图 7.16 所示。

(3) 在"关系"窗口中，选中"产品信息表"中的"产品编号"字段名，用鼠标拖动到"销售表"中，选择其中的字段"产品编号"，使"产品信息表"与"销售表"之间形成一对多的关系，如图 7.17 所示。在鼠标拖曳过程中，光标形状会变成长条状，所建立关系的表之间有主次之分，鼠标拖动起始的表是主表，终止的表是次表。

图 7.15　显示表窗口

(4) 用类似的方法，建立"顾客表"和"销售表"之间的一对多的关系。在选择"左列名称"和"右列名称"时，要选择"顾客号"。"产品信息表""顾客表"和"销售表"之间的关系已经创建完成，如图 7.18 所示。单击工具栏上的"保存"按钮，保存创建的关系，然后关闭"关系窗口"。

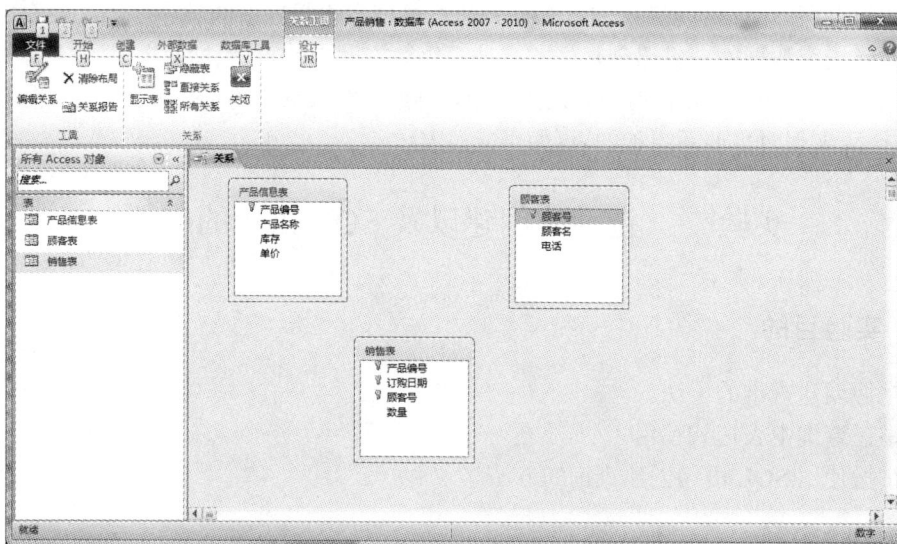

图 7.16　给关系添加表

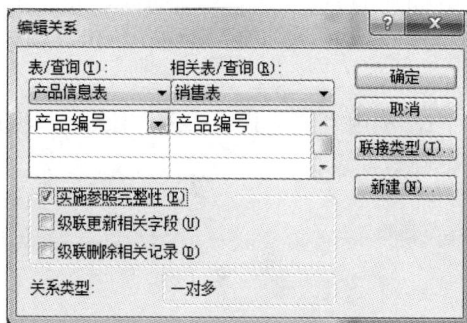

图 7.17　编辑关系

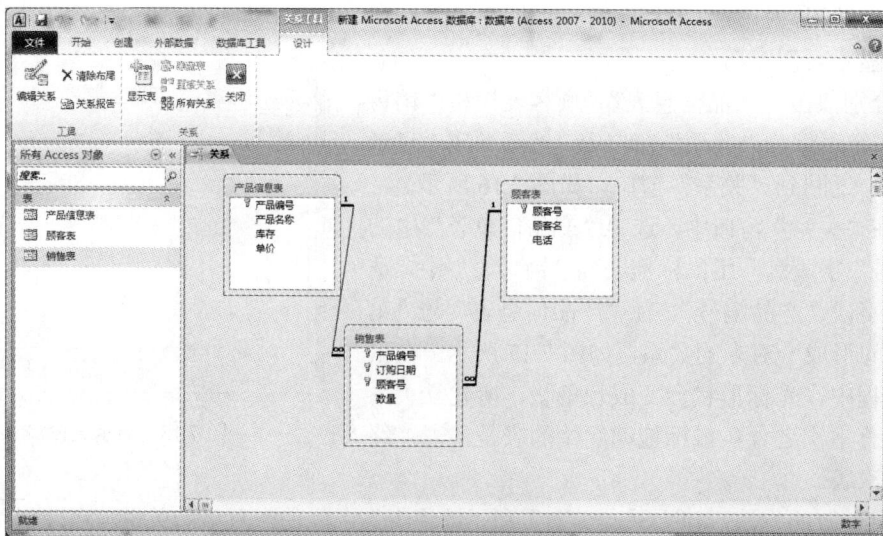

图 7.18　产品、顾客及销售关系

(5)在"创建"选项卡上的"查询"组中，单击查询设计按钮 ![icon]，出现"显示表"对话框，如图 7.15 所示。在"显示表"对话框中选择查询需要的数据源："产品信息表""销售表"和"顾客表"。在查询设计视图设计网格中的"字段"网格里，依次添加产品编号、产品名称、单价、顾客号、顾客名、订购日期和数量，如图 7.19 所示。

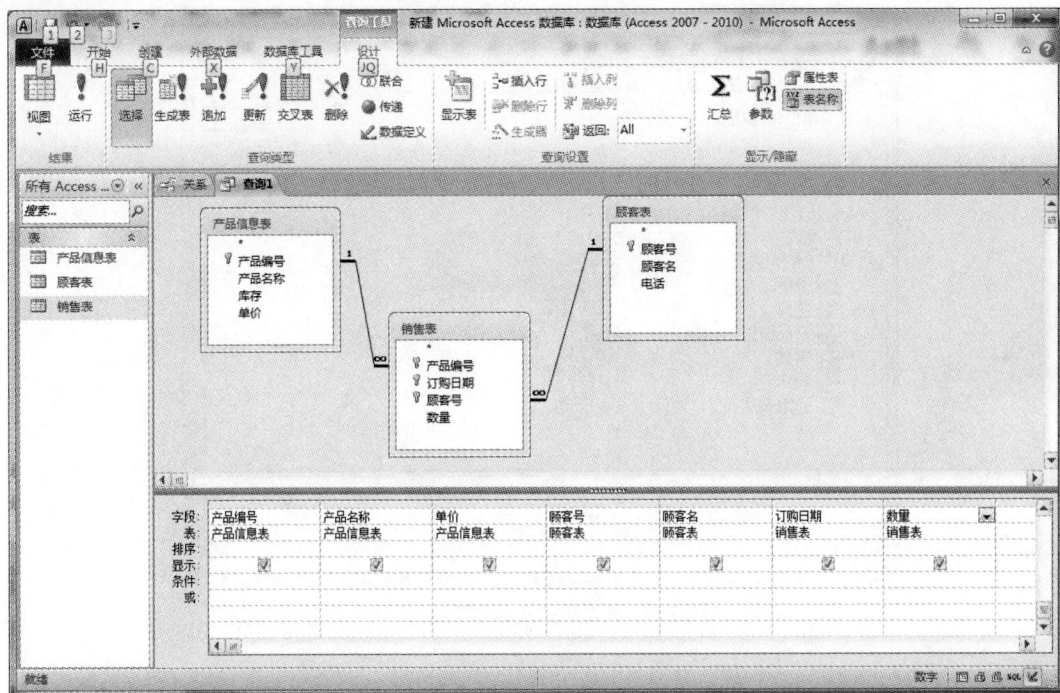

图 7.19　查询视图

(6)单击快速访问工具栏"保存"按钮，将文件命名为"查询 1"，单击"确定"。

(7)单击"查询工具"选项卡上的"设计"，选择"结果"组中的"运行"按钮，得到查询结果，如图 7.20 所示。

图 7.20　查询结果

2.　创建"查询 2"文件

在创建的"查询 1"中，添加一个新的字段"货款"，显示每条记录订购产品的总价，并将查询结果保存为"查询 2"。

(1)打开"查询 1"的设计视图。

(2)在此设计视图网格中添加新的字段。在空白字段网格中单击右键，选择"生成器"，输入表达式为："货款:[单价]*[数量]"，如图 7.21 所示。

(3)单击"确定"按钮，设计网格如图 7.22 所示。

(4)单击"文件"选项卡中的"对象另存为",在弹出的对话框中将查询命名为"查询2",单击"确定"按钮。

(5)单击"查询工具"选项卡上的"设计",选择"结果"组中的"运行"按钮,查询结果如图 7.23 所示。

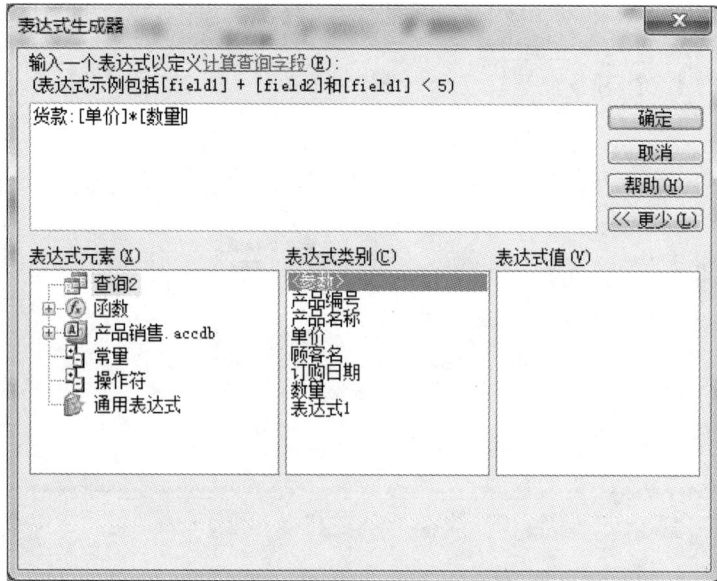

图 7.21 "表达式生成器"对话框

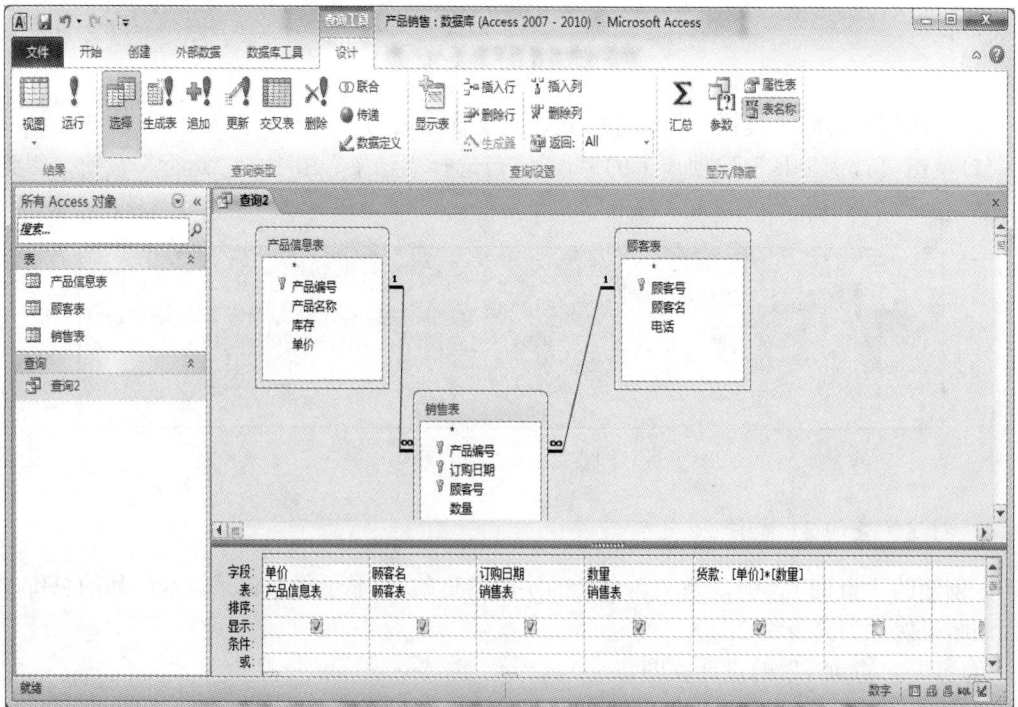

图 7.22 查询设计视图

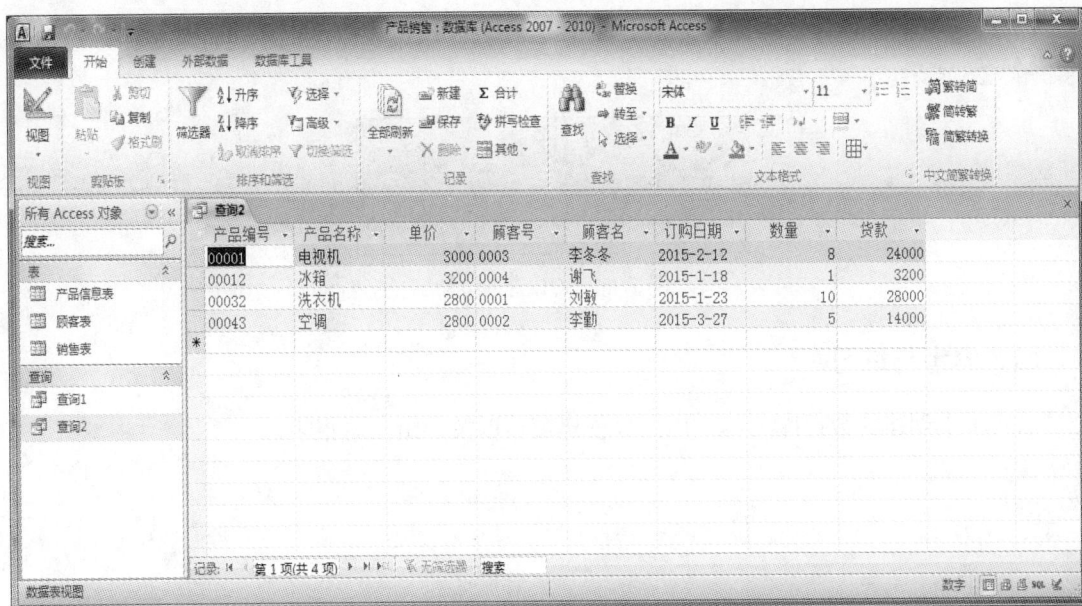

图 7.23　查询结果

3. 创建查询文件"查询 3"

查询产品销售数据库中所有订购日期在 2015 年 2 月以后，订购数量在 3 到 10 之间的产品名称、顾客名和单价。

(1)打开产品销售数据库，创建查询文件"查询 3"，关闭弹出的"显示表"对话框。

(2)单击"查询工具"选项卡上的"设计"，选择"结果"组中的 SQL 视图按钮，在打开的 SQL 视图中，输入 SQL 语句如下，如图 7.24 所示。

SELCET 产品名称,顾客名,单价

FROM 产品信息表,顾客表,销售表

WHERE 订购日期>=#2015-2-1# AND 数量 BETWEEN 3 AND 10 AND 产品信息表.产品编号=销售表.产品编号 AND 顾客表.顾客号=销售表.顾客号

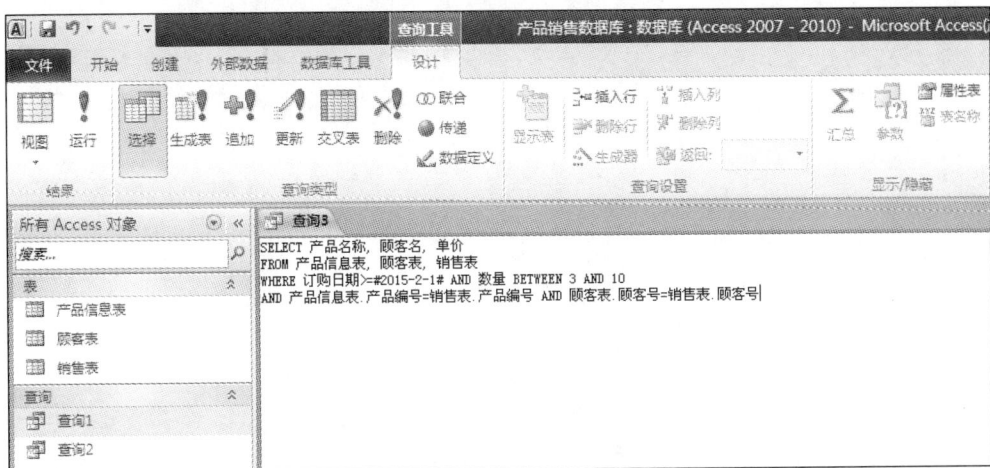

图 7.24　SQL 视图

（3）单击"查询工具"选项卡上的"设计"，选择"结果"组中的"运行"按钮，查询结果如图 7.25 所示。

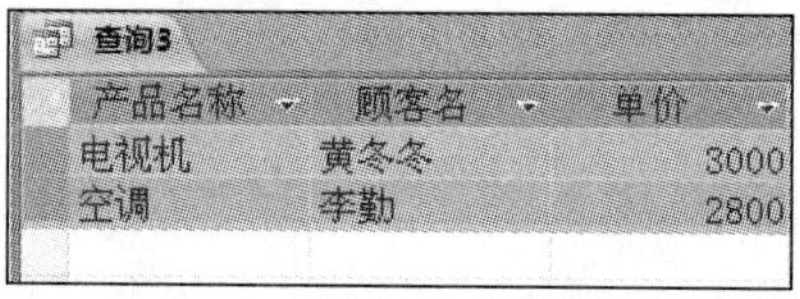

图 7.25　SQL 查询结果

四、思考与练习

以实验中创建的数据库为例，用向导创建窗体以及分组汇总报表。

第8章　多媒体技术应用基础

实验一　Photoshop CS5 基础操作

一、实验目的

(1) 熟悉 Photoshop CS5 的工作界面。
(2) 熟悉 Photoshop CS5 中的选区操作。
(3) 熟悉 Photoshop CS5 的工具。
(4) 理解图层操作。
(5) 了解常用滤镜。
(6) 掌握图像合成的技术。
(7) 掌握图片上添加文字的技术。

二、实验内容

准备两张图片。将一张图片内的对象试用各种抠图方法合理地取出，与另一张图片进行合成，在合成后的图片上添加文字，试用滤镜效果对文字进行处理。

三、实验步骤

(1) 选择"开始"→"程序"，打开 Photoshop CS5，如图 8.1 所示。其主要工具箱如图 8.2 所示。

图 8.1　Photoshop CS5 主界面

(2) 选择一幅背景图片"梨花"，并打开该文件，如图 8.3 所示。此时图层面板上显示该对象为"背景"图层。用鼠标双击背景层，会弹出一个"新建图层"对话框，单击"确定"铵钮，将背景图层变为可编辑图层。

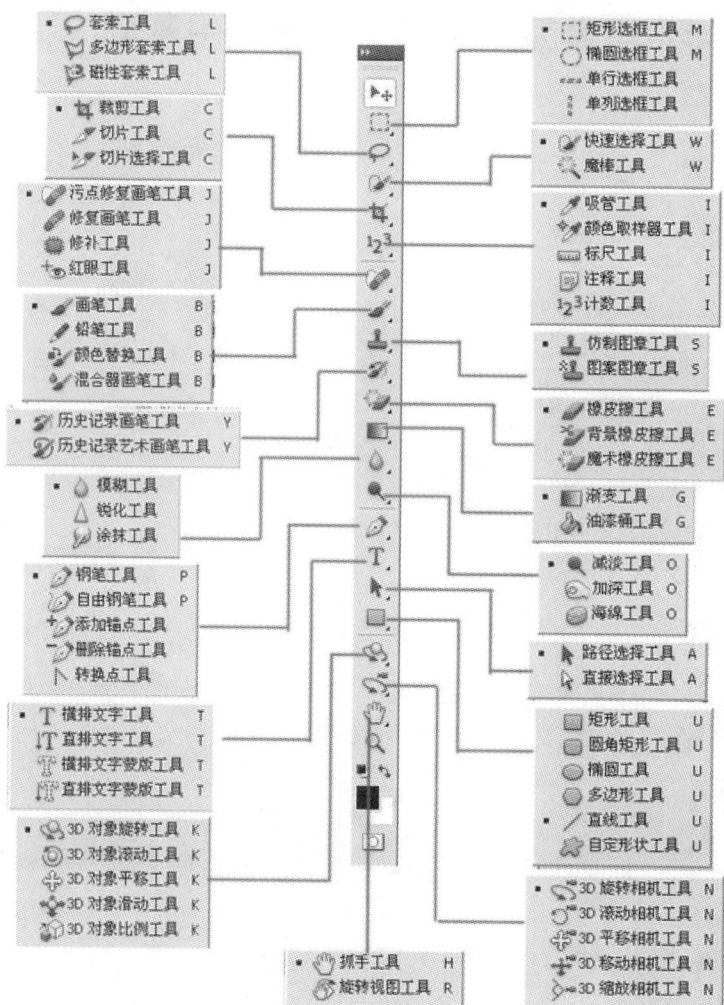

图 8.2　Photoshop CS5 的工具箱

（3）打开一张人物照片，用 Photoshop CS5 的选区工具将人像选出。具体操作如下：单击"魔棒工具"，然后按住 Shift 键重复单击人物，直到全部选中，后如图 8.4 所示。执行"编辑"→"拷贝"命令。

图 8.3　"梨花"图片

图 8.4　选择人物

(4) 切换到第(2)步打开的文档中,选择"粘贴",把选中的人物加入背景图中,用移动工具将人物拖放到合适位置,如图 8.5 所示。此时会增加另一个图层,如图 8.6 所示图层 1。

图 8.5　图片合成图

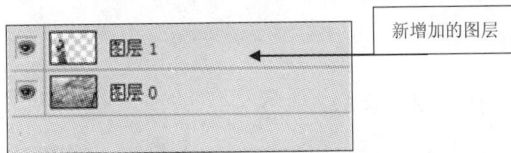

图 8.6　新增加了图层

(5) 为该图片添加文字。选择横排文字工具,在合成的图片上单击,输入文字"我们去踏青",在工具栏属性中将其颜色设为绿色。选择文字图层,单击"图层"→"图层样式",如图 8.7 所示。对文本添加阴影、外发光等效果。

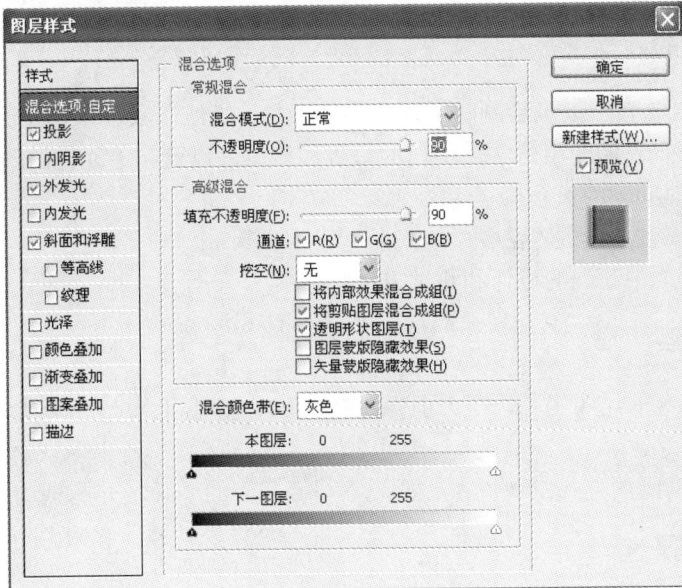

图 8.7　图层样式对话框

(6) 合并图层,整个图像的合成效果如图 8.8 所示。保存图像时,如果该图片以后可能需要修改,可以保留 Photoshop 默认的扩展名.psd,如果图片需要单独使用,建议另存为.jpg 类型的文件。

图 8.8　图像的合成

四、思考与练习

(1)如果想把人物的黑头发换成黄头发，应怎么操作？

(2)将选择的人物粘贴到背景图中，如果选择的人物相对于背景偏大，应该怎么处理？

(3)试对文字添加滤镜，对比各种文字效果。

(4)试用 Photoshop CS5 制作一张有关运动会的海报或是自荐书的封面。

实验二　简单动画的设计与制作

一、实验目的

(1)掌握在 Flash 8 中矢量绘制时所用的铅笔工具、直线工具、矩形工具、椭圆工具、选择工具、任意变形工具的使用，学会颜色的设置和修改，以及简单元件的概念。

(2)掌握帧和时间轴的概念。

(3)掌握图层属性的设置方法。

(4)掌握 Flash 8 中动画的设计和测试方法。

二、实验内容

(1)使用 Flash 8 的绘图工具，在大小为 300×300 的舞台上绘制一个红色心形图，在心形图中间写上"心"字。

(2)通过逐帧动画的方式实现"在心形图上写心字"的动画，并测试动画效果。

三、实验步骤

(1)选择"开始"→"程序"，打开 Flash 8，如图 8.9 所示，其主要工具箱介绍如图 8.10 所示，时间轴面板如图 8.11 所示。

(2)新建 Flash 文档，修改文档的大小为 300×300，填充色为红色。

(3)选择椭圆工具，按住 Shift 键画一个红色的圆，使圆的线条信息为无。

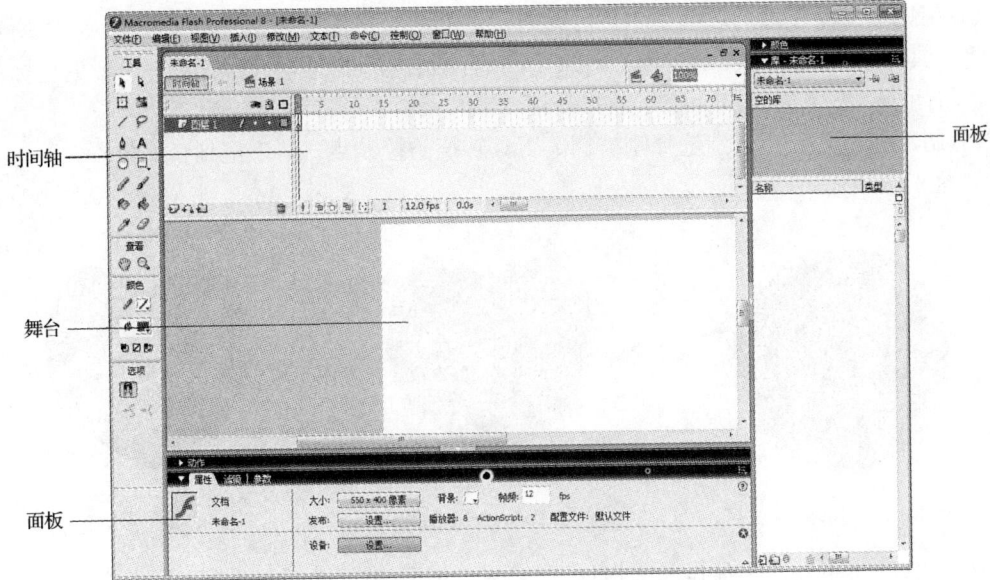

图 8.9 Flash 8 主界面

时间轴
舞台
面板
面板

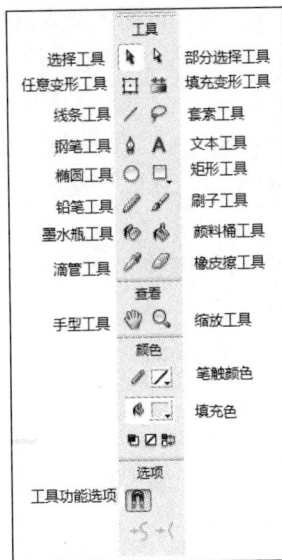

图 8.10 Flash 8 的工具箱

工具
选择工具   部分选择工具
任意变形工具   填充变形工具
线条工具   套索工具
钢笔工具   文本工具
椭圆工具   矩形工具
铅笔工具   刷子工具
墨水瓶工具   颜料桶工具
滴管工具   橡皮擦工具

查看
手型工具   缩放工具

颜色
笔触颜色
填充色

选项
工具功能选项

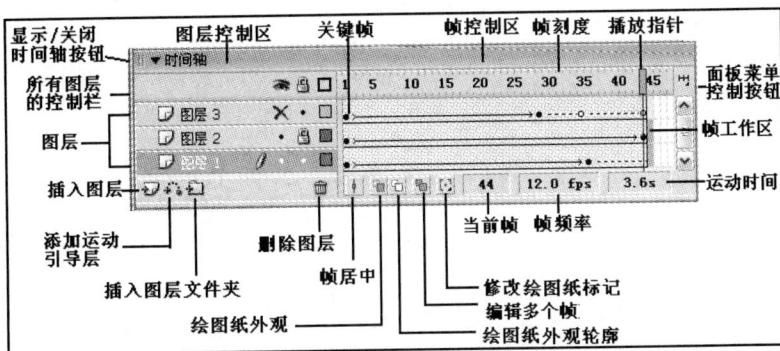

图 8.11 Flash 8 的时间轴

显示/关闭
时间轴按钮   图层控制区   关键帧   帧控制区 帧刻度 播放指针
所有图层
的控制栏   面板菜单
控制按钮
图层   帧工作区
插入图层   运动时间
添加运动
引导层   当前帧 帧频率
插入图层文件夹   删除图层   修改绘图纸标记
绘图纸外观   帧居中   编辑多个帧
绘图纸外观轮廓

(4)用钢笔工具在圆的边缘上单击，此时，圆的边缘出现 8 个控制点，如图 8.12 所示。用钢笔工具分别靠近最上面的控制点和最下面的控制点，当钢笔图标右下方出现尖角标记后单击，将两个点变为尖角点。

(5)用部分选区工具分别选择刚被钢笔工具转换的控制点，向下拖到合适位置停下，心形效果如图 8.13 所示。

图 8.12　圆形的控制点　　　　图 8.13　心形效果图　　　　图 8.14　添加文字

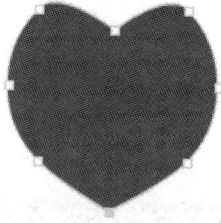

(6)选择文字工具，字体设为"楷体"，字体大小为 50，然后在舞台上写一个"心"字，将对象移动到心形图中央，如图 8.14 所示。

(7)选择文字对象，按 Ctrl+B 组合键，将字体变为打散的图形。

(8)在帧管理器中选择第 2 帧，单击右键，弹出快捷菜单，执行"插入关键帧"命令。此时第 2 帧会将第 1 帧的内容复制过来。

(9)在工具箱中选择橡皮擦工具，将"心"字的最后一笔擦除一些。

(10)选择第 3 帧，重复(8)步的操作，然后重复(9)步操作，继续擦除文字，直到文字全部擦除为止。

(11)在时间轴上选择第 1 帧，然后按住 Shift 键，单击最后一帧，将所有帧选择后单击右键，在弹出的快捷菜单中选择"翻转帧"命令。

(12)将文件保存为 heart.fla，按 Ctrl+Enter 组合键，可测试动画。

四、思考与练习

(1)尝试使用 Flash 8 的绘图工具制作不同形状的图形，并对图形设置不同效果，如中空、不同的光照模型等(可查阅 Flash 8 帮助文档)。

(2)实验中的步骤 11 中选择"翻转帧"的作用是什么？

(3)试设计动画，从第 1 帧到第 10 帧将心形图形从小变大，从第 10 帧到第 20 帧图形变回原来的大小。

(4)如果测试动画时发现动画的播放速度较快，应怎么调整到合适的速度？

实验考试模拟试题

模拟试题一

注意事项：请各位考生在指定工作盘的根目录中建立考试文件夹，考试文件夹的命名规则为"学号+考生姓名"，如"201204011212 万芳"。考生的所有解答内容都须存放在考试文件夹中。

一、文字录入

要求：

1．在文件内容第一行的表格中录入考生本人的学号及姓名。

2．在表格下正确录入文本，文本中的英文、数字按西文方式；标点符号按中文方式。

3．文件保存在考试文件夹中，文件名为 test1.docx。

姓名		学号	

计算思维及其教学

计算思维是每个人的基本技能，不仅仅属于计算机科学家。我们应当使每个孩子在培养解析能力时不仅掌握阅读、写作和算术(Reading, writing, and arithmetic——3R)，还要学会计算思维。正如印刷出版促进了 3R 的普及，计算和计算机也以类似的正反馈促进了计算思维的传播。

计算机科学的教授应当为大学新生开一门称为"怎么像计算机科学家一样思维"的课程，面向所有专业，而不仅仅是计算机科学专业的学生。我们应当设法激发公众对计算机领域科学探索的兴趣，而不是悲叹对其兴趣的衰落或者哀泣其研究经费的下降。所以，我们应当传播计算机科学的快乐、崇高和力量，致力于使计算思维成为常识。

二、Word 编辑和排版

打开上面录入的文件 test1.docx，首先另外保存在考试文件夹中，取名为 test2.docx，然后完成如下操作(注意存盘)。

1．页面设置：纸张为 B5，纵向；页边距上、下为 3cm，左、右为 2cm；

2．标题为黑体、一号字、加粗、绿色、居中，字符间距为加宽 5 磅；

3．正文为宋体、四号，设置第一段首字为下沉式，下沉 3 行，首字字体为隶书；第二段的行距为 1.25 倍，段前、段后间距各 1 行，分为两栏；

4．正文中字符串"计算机科学"的格式替换为蓝色、黑体、三号、加粗；

5．在页眉中插入自己的学号、姓名及第一题中短文的标题，在页脚中插入当前时间。

三、Excel 操作

在 Excel 系统中完成以下要求，将文件存于考试文件夹中，文件名为 test1.xlsx。

1. 建立表格，按下图所示加边框，并输入内容。

2. 第 1 行标题要求使用合并单元格，标题字体为华文彩云、24 磅大小、红色。

3. 利用函数或公式计算总评成绩。若实验成绩不及格(<60)，则总评成绩为实验成绩；否则总评成绩为平时成绩×20% +实验成绩×30% +期末成绩×50%。

4. 利用条件格式，将平时成绩、实验成绩和期末成绩小于 60 的单元格字体设置为红色。

5. 利用函数计算学生总评成绩的排名结果。

6. 制作各个考生所有成绩二维柱形图图表，放在数据表的右边。

大学计算机基础成绩单

姓名	平时成绩	实验成绩	期末成绩	总评成绩	排名
吴华	98	77	88		
铁玲	88	90	99		
张家鸣	67	76	76		
杨梅华	56	77	66		
汤沐化	77	55	57		
万科	88	92	70		

四、Windows 基本操作

1. 在考试文件夹下，以自己的姓名和"计算思维"建立两个子文件夹，并在"计算思维"文件夹下再建立子两个子文件夹 Computational 和 Thinking。

2. 将前面的 test1.docx 和 test1.xlsx 文件复制到已建立的"计算思维"文件夹中。

3. 将前面的 test1.docx 文件复制到考生姓名文件夹中，并更名为"计算思维.docx"。

五、任选题

1. 用 PowerPoint 制作介绍自己人生目标的两张幻灯片。将制作完成的演示文稿以 test1.pptx 为文件名保存在"计算思维"文件夹中。

要求：

(1)标题设为艺术字；

(2)文稿中文字内容、模板、背景等格式自定，插入图片对象；

(3)各对象的动画效果自定，延时 1 秒自动出现，幻灯片 5 秒自动切换，效果自定。

2. 制作一张网页文件(工具软件不限)，内容是介绍自己的兴趣爱好。另外再插入一张剪贴画(或图片)，并设置超级链接，要求浏览网页时，单击该图片可链接到主页 www.nlc.gov.cn，用文件名 test1.html 保存到考试文件夹中。

3. 用 Microsoft Access 建立数据库 test1.accdb，保存到考试文件夹中，按下表的数据建立教师信息表 teachers。教师信息表结构如下：

教师号：文本   姓名：文本   性别：文本

参加工作年月：日期/时间 应发工资：货币

在表文件中录入如下内容：

教师号	姓名	性别	参加工作年月	应发工资
100001	王春华	男	1989/12/28	2,201.00
100002	陈蓉	女	1999/10/15	1,650.00
200001	华成	男	1969/1/21	2,423.00
200002	范杰	男	1987/4/18	2,088.00

模拟试题二

注意事项：请各位考生在指定工作盘的根目录中建立考试文件夹，考试文件夹的命名规则为"学号+考生姓名"，如"201204011212 万芳"。考生的所有解答内容都须存放在考试文件夹中。

一、文字录入

要求：

1. 在文件内容第一行的表格中录入考生本人的学号及姓名。
2. 表格下正确录入文本，文本中的英文、数字按西文方式；标点符号按中文方式。
3. 文件保存在考试文件夹中，文件名为 TEST1.DOC（或 TEST1.DOCX）。

姓名		学号	

超文本标记语言

超文本标记语言(英文为 Hypertext Markup Language，HTML)是为"网页创建和其它可在网页浏览器中看到的信息"设计的一种标记语言。HTML 被用来结构化信息，例如标题、段落和列表等，也可用来在一定程度上描述文档的外观和语义。1982 年由蒂姆·伯纳斯-李创建，IETF 用简化的 SGML(标准通用标记语言)语法进行进一步发展的 HTML，后来成为国际标准，由万维网联盟(W3C)维护。

HTML 档案最常用的扩展名为.html，但是有的旧操作系统(如 DOS 等)限制扩展名最多为 3 个字符，所以也允许使用.htm 扩展名。编者可以使用任何基本的文本编辑器(如 Notepad 等)或所见即所得的 HTML 编辑器来编辑 HTML 文件。

二、Word 编辑和排版

打开上面录入的文件 TEST1.DOC（或 TEST1.DOCX），首先另外保存在考试文件夹中，取名为 TEST2.DOC（或 TEST2.DOCX），然后完成如下操作(注意存盘)。

1. 页面设置：纸张为 B5，纵向；页边距上、下为 3cm，左、右为 2.5cm。
2. 标题为黑体、一号字、加粗、红色、居中，字符间距为加宽 5 磅。
3. 正文为宋体四号，设置第一段首字为下沉式，下沉 3 行，首字字体为隶书；将第二段的行距为 1.5 倍，段前段后各间隔 1 行，分为两栏。
4. 正文中所有 HTML 的格式替换为蓝色、黑体、三号、加粗。
5. 水印：文字为"万维网联盟"，字体为隶书，字号自定，蓝色，半透明，斜体。

三、Excel 操作

在 Excel 系统中，完成以下要求，文件存于考试文件夹中，文件名为 TEST1.XLS（或 TEST1.XLSX）。

1．建立表格，按下图所示加边框，并输入内容。

2．第 1 行标题要求使用合并单元格，标题为黑体、红色、加粗、16 号字。

3．利用函数或公式计算综合成绩（平时成绩 20%，中期成绩 20%，期末成绩 60%）数据项。

4．在"总人数："右边的单元格中利用公式计算考生总人数；在"及格人数："右边的单元格中利用公式计算考生期末成绩的及格（>=60）人数。

5．制作各个考生的综合成绩二维柱形图图表，放在数据表的右边。

大学计算机基础成绩单

姓名	平时成绩	中期成绩	期末成绩	综合成绩
黎晓妮	95	80	61	
柯晓瑶	90	90	73	
许美婷	95	85	56	
李大浪	90	80	54	
谭小娟	75	60	75	
李美娟	80	80	70	

总人数：　　　　　　　　　　　　　　　　　　及格数：

四、Windows 基本操作

1．在考试文件夹下，用考生姓名和"上机考试 1"建立两个子文件夹，并在"上机考试 1"文件夹下再建立子两个子文件夹 AAA 和 BBB。

2．将前面的 TEST1.DOC（或 TEST1.DOCX）和 TEST1.XLS（或 TEST.XLSX）文件复制到已建立的"上机考试 1"文件夹中。

3．在已建立的考生姓名文件夹中创建名为 PB6.TXT 的文件，并设置属性为只读和存档。

五、任选题

1．用 PowerPoint 制作介绍自己专业的两张幻灯片。将制作完成的演示文稿以 TEST1.PPT（或 TEST1.PPTX）为文件名保存在"上机考试 1"文件夹中。

要求：

(1)标题在横向文本框中输入。

(2)文稿中文字内容、模板、背景等格式自定，要插入图片、艺术字等对象。

(3)各对象的动画效果自定，延时 1 秒自动出现，幻灯片 4 秒自动切换，效果自定。

2．制作一网页文件（工具软件不限），内容是介绍自己专业。另外再插入一剪贴画（或图片），并设置超级链接，要求浏览网页时，单击该图片可链接到重庆三峡学院主页 www.sanxiau.edu.cn，用文件名 TEST1.HTM（或 TEST1.HTML）保存到考试文件夹中。

3．用 Access 按下表的数据建立学生入学信息档案，用文件名 TEST1.ACCDB 保存到考试文件夹中。其表结构如下：

学号：字符型姓名：字符型性别：逻辑型（男为"真"，女为"假"）

姓名：字符型　　　　大学语文：数值型
高等数学：数值型　　计算机基础：数值型
大学英语：数值型

学生成绩表

姓名	大学语文	高等数学	计算机基础	大学英语
王刚	80	87	90	80
张晓丽	85	77	86	71
黄山	68	86	88	76
陈红军	73	69	76	74

参 考 文 献

高裴裴，张健，程茜. 2014. Access2010 数据库技术与程序设计上机实习指导.天津：南开大学出版社

李秀等. 2005. 计算机文化基础[M]. 5 版. 北京：清华大学出版社

龙马工作室. 2011. Excel 2010 中文版完全自学手册[M]. 北京：人民邮电出版社

汪燮华等. 2011. 计算机应用基础教程(2011 版)[M]. 上海：华东师范大学出版社

王艳红，王卫红，纪睿琪. 2011. Excel 2010 中文版入门与实例教程[M]. 北京：电子工业出版社

杨继萍等. 2011. Excel 2010 办公应用从新手到高手[M]. 北京：清华大学出版社

衣玉翠. 2010. 外行学 Excel2010 从入门到精通[M]. 北京：人民邮电出版社

Andrew S. Tanenbaum，David J.Wetherall. 2012. 计算机网络[M]. 5 版. 严伟等译. 北京：清华大学出版社

June Jamrich Parsons，Dan Oja. 2014. 计算机文化[M]. 15 版. 吕云翔等译. 北京：机械工业出版社

Roger S.Pressman. 2007. 软件工程：实践者的研究方法[M]. 6 版. 郑人杰等译. 北京：机械工业出版社

office.microsoft.com/zh-cn/[OL]